NEBULAE

AND HOW TO OBSERVE THEM

观测星云

Steven R. Coe

〔美国〕史蒂文·R.科 著

付韶宇 译

上海三联书店

目　录

第一章

仰望星空

这本书主要围绕星云展开，这些由气体和尘埃构成的星云是恒星生命的起点和终点，我们稍后将对其展开讨论。现在，我想先介绍一下我自己，讲述一下写这本书的原因，以及一些关于你们观测星空所需设备的基本信息。

我已经不记得在我多小的时候，天上的几颗亮星和星座都认不出来。清晨和祖父一起去钓鱼时，他会教我认识夜空中的几颗亮星，下次钓鱼时看我是否还能辨认出来。这个简单的任务让我从那时候开始了解头顶上的璀璨星空。

1976年，在美国海军服役期满后，我决定成为一名专业的天文学家。于是我进入了亚利桑那州立大学，很快我就发现自己犯了一个错误。我以为我将有机会通过那些大型望远镜直接观测星空，但这种想法在现代望远镜上几乎不可能实现。我还发现，我的天文学教授大多是数学家，其次才是天文学家。

幸运的是，我找到了一份薪水不错的工作，还有时间携带望远镜外出观测。25年来，我一直在美国亚利桑那州凤凰城的德锐技术学院（DeVry Institute of Technology）教授电子学。另外，我也是仙人掌天文俱乐部（The Saguaro Astronomy Club，SAC）的长期会员，该俱乐部是世界上最活跃的天文爱好者团体之一。有了这两个好运气，我开始使用各种各样的望远镜观测星空。

在过去25年左右的时间里，无论是独自观测还是与SAC的成员一起观测，我都收获了很多快乐。在晴朗的沙漠星空下露营，欣赏眼前的美景是我快乐的源泉。在这本书中，我打算把这些美好经历分享给你。

我写这本书的另一个原因是想提供给望远镜的拥有者一些关于如何更好地进行观测的建议。有很多望远镜早已被束之高阁，因为它们的主人不知道如何提高他们的观测技能。如果你只是随便看几个星云，它们似乎看起来都很相似。一旦你真正学会了观测，你就会发现它们都是独一无二的。在望远镜视场中发现有趣细节的能力值得提升，你只需要花点时间和精力来提高你的观测技能，这本书将帮助你实现这个目标。

1.1 | 双筒望远镜

当提到观测夜空时，我猜你想到的第一个设备是双筒望远镜。不管怎样，它们的确有一些优势。

首先是易用性。外出携带一副双筒望远镜非常方便，只要你学会了对焦，它们就很容易上手。如果你以前很少使用双筒望远镜，则白天先利用一个远处的物体对好焦，晚上使用时，星象就已经非常接近焦点了。大多数现代双筒望远镜的中心都有一个调焦轮，它可以调节两个目镜的焦距，其中一个目镜有一个独立的调焦轮。我先闭上一只眼睛对好焦，然后再闭上另一只眼睛用独立的对焦轮调整。一旦双眼都完成对焦，每只眼睛都能看到一个清晰的图像。然后同时睁开双眼，形成双目效果。

其次，与天文望远镜相比，双筒望远镜具有更广阔的视野。夜空中一些明亮目标的角直径很大，所以双筒望远镜可完整容纳一整个星云或星团，效果非常棒。

我们外出观测时，我总会带上我的双筒望远镜。当我准备休息的时候，我会坐在舒适的折叠椅上，拿出双筒望远镜扫视星空。

　　每副双筒望远镜都有一组重要参数。举个例子，一副双筒望远镜会标注 10×50 或 7×35，通常被称为"10 乘 50 或 7 乘 35"。第一个数字是放大率，第二个数字是物镜的尺寸，单位是毫米。初学者可以从一个小的双筒望远镜开始上手，比如上面提到的两种尺寸就非常合适。这种类型的双筒望远镜在白天和夜晚都很容易使用，在夜空下可以很轻松地找到目标。如果你想学习更多内容，可以找一些关于双筒望远镜观测的书籍。

1.2 ┃天文望远镜

　　我知道你现在就想跑出去买一台天文望远镜，但现在请先等一下。听完我的介绍，在你三思后会做出一个更好的决定。望远镜通常是根据镜片或镜面的孔径来区分的。当有人问起你的望远镜时，你可能会说"这是一台 10 英寸①的牛顿望远镜"或"这是一台 120 毫米的折射望远镜"。关于望远镜的另一个参数是它的焦比。这是孔径大小与望远镜长度的比值。所以 f/6 望远镜的长度是宽度的 6 倍。一般来说，焦比值较小的望远镜具有较大的视场，反之就有较大的放大倍率。

　　两种主流的望远镜是折射望远镜和反射望远镜。这两个名字仅有一字之差，其英文名也极其相似（英文名分别为 refractors 和 reflectors），所以在购买时需要仔细分辨。

　　折射望远镜是一种使用透镜将光线折射到焦点的望远镜。折射镜的优势在于，它们成像非常锐利，在明暗区域的对比度高。当我们试图在有亮星的视场中寻找一个非常暗的星云时，折射望远镜的这些特性会对我们非常有利。折射镜的缺点在于，就望远镜的尺寸来说，一台好的折射望远镜是很昂贵的。为什么市面上有很多 4 英寸（100 毫米）的折射望远镜？因为一台制作精良的 6 英寸（150 毫米）或更大的折射望远镜的成本非常高。

　　反射望远镜使用一面镜子将光线反射到观测位置。牛顿反射望远镜将焦点引到望远镜的侧面，而卡塞格林望远镜将焦点通过

---

① 1 英寸等于 2.54 厘米。——编者注

图 1.1 我和我的 120 毫米 f/8 折射望远镜

图 1.2 我的老式 10 英寸（250 毫米）牛顿反射望远镜。有多少人有一张新娘通过望远镜观测的照片？我只是不得不用这张照片而已。

镜面上的孔洞引到望远镜的背面。

这些年来，我已经制造并拥有了几台牛顿望远镜，它们性能良好。牛顿望远镜的光圈是你所能买到的最大光圈。但是，你需要学习校准镜子光轴和保持镜面清洁的一些技巧。

我现在拥有的大望远镜是施密特–卡塞格林望远镜。这种望远镜通常是一个卡塞格林系统，但在前面加入了一个校正透镜来锐化图像。这类望远镜的优点是体积小巧且有多种光圈和焦距可供选择，缺点是它们比等口径的牛顿望远镜更贵。

本书中的一些观测是用马克苏托夫–牛顿望远镜进行的，这种望远镜是两种望远镜的结合，通常是牛顿望远镜的布局，在前面有一个校正透镜。我从我朋友柯特·泰勒那买了一台此类型的6英寸 f/6 望远镜。他买这台望远镜的目的是用它在高倍率下观测行星，它确实很适合这方面的观测。我还发现，用它观测银河系时能获得非常棒的大视场图像。这是我唯一希望不要卖掉的望远镜。但总有一天我会再买一台——不要告诉我妻子我说过这句话。

现在我有两台非常棒的望远镜用于观测。我的大望远镜是一台星特朗 Nexstar 11，它属于施密特–卡塞格林望远镜（SCT），其口径为 11 英寸（280 毫米）。我喜欢 GOTO 电子系统的易用性，望远镜也提供了极佳的观测效果。我的 Nexstar 11 给我留下了深刻的印象。

大型 SCT 唯一不能提供的是广阔的视场。所以我在"河畔望远镜制造商大会"（Riverside Telescope Makers' Conference）上购买了一些设备，最后从猎户座望远镜（Orion Telescopes）购买了一台4英寸（100 毫米）f/6 折射望远镜。这台望远镜视场清晰，视野广阔，给我留下了非常深刻的印象。图森市的安德鲁·库

图 1.3 我的 6 英寸（150 毫米）
马克苏托夫–牛顿望远镜。

图 1.4 我和我的 11 英寸 Nexstar 望远镜

伯为我做了一块适合 NS 11 的背板，让大视场折射镜安装在后面。我还可以把折射镜安装在一个德国产的赤道仪上进行天文摄影。

这两个望远镜组合让我既能在小折射镜中获得低倍率的大视场图像，又能在大望远镜中获得高倍率的图像。

我提到过我有一台 6 英寸 f/6 的马克苏托夫–牛顿望远镜，我还曾拥有一台 13 英寸 f/5.6 牛顿式和一台 10 英寸 f/5 牛顿望远镜。所以在过去的 20 年里，我拥有了各种各样的望远镜。同时我也很幸运有几位拥有大型望远镜的朋友，他们允许我使用他们的望远镜进行观测。有了这些设备基础，多年来我积累了很多使用各种类型望远镜的观测经验，我计划将这些都分享给你。

图 1.5　4 英寸（100 毫米）f/6 折射望远镜，图片拍摄地是亚利桑那州的快乐杰克小镇。

1.3 目 镜

现在你非常自豪地拥有了一台全新的天文望远镜，然后你会发现作为一个天文爱好者的真相：你总在花钱买配件。就像每辆跑车都需要昂贵的燃油一样，每台望远镜都需要目镜。

让我们来看看现代天文爱好者可以使用的各种目镜吧。如果你把一群观测者聚集在一起聊一段时间，讨论的话题迟早会变成目镜。因为目镜是你为望远镜购买的最重要配件，它们也是最个性化的。你需要试一试，看看你的眼睛能否适应目镜的光学设计，有时能，有时不能。A. J. 克雷恩是我 25 年的观测伙伴，他明智地说："关于目镜的讨论如同宗教信仰一般。"我完全同意这种说法。

一旦你已经购买了望远镜，那么天文观测系统剩下的所有特性都由目镜决定。我常把目镜当作一个小的放大镜，它可以让我查看由望远镜形成的图像。如果你把望远镜对准月球，那么你的光学系统就会在中间形成月球的微缩图像；通过改变目镜，你可以用不同的放大率和视场来观察图像。

我们先了解一些关于目镜的术语。以下是一些与目镜相关的名词定义：

- 表观视场：这是仅通过目镜就能看到的视场宽度。如果我有两个焦距相同的目镜，在同一个望远镜中，插入视场较大的目镜就能看到更宽阔的天区。这个参数是由目镜内的镜片设计决定的。

图 1.6　改变目镜的焦距，可以改变放大倍率和视场大小。

图 1.7　目镜有很多种选择。请留意，图中有一个目镜的直径是 1.25 英寸，有一个是 2 英寸，最后一个是可以适用于这两种尺寸的调焦器。

• 场曲：优秀的目镜成像应该在一个平面上。聚焦后的图像应该在每一个位置都很清晰。观测星场可以严格测试这一特性。

• 畸变：优秀的目镜也会存在微小的畸变。这意味着你在一张方格纸上看到所有的线都是直的，并且相交成直角。畸变只会对视野中的一小部分造成影响，但场曲通常会发生在目镜的整个视场中。

• 出射光瞳：光线经过目镜中的透镜后会在离你眼睛最近的镜片外面成像。当你观测的时候，你的眼睛可以看到出瞳图像。如果目镜选择合适，图像大小将适合你眼睛的瞳孔直径。这个图像的大小就是出射光瞳。

• 适瞳距：目镜到眼球的距离。这个数值对眼镜佩戴者很重要。如果你需要戴上眼镜观测，那必须有足够的适瞳距，这样你才能戴着眼镜通过目镜进行观测。不戴眼镜的观测者会喜欢较大的适瞳距，这可以避免我们的眼睛因太靠近目镜的玻璃镜片所形成的压迫感而感到难受。

• 焦距：从透镜到被观测物体的视距，在这里是指由你的望远镜形成的图像到透镜的距离。使用长焦距目镜能获得大视场图像，而使用短焦距目镜只能获得小视场图像。这就是选择光学系统放大倍率的方法。选择一个长焦距目镜，比如24毫米到40毫米，该系统将提供较宽的视场和较低的放大倍率；选择一个短焦距目镜，大约4毫米到8毫米，你将得到一个所观测目标的高倍率小视场图像。

• 鬼影：在劣质的目镜中，一些来自明亮恒星的光会在目镜中反射，并在视场中形成模糊的图像。这些鬼影可以通过目镜镜片的多层镀膜来削弱。现在只有最便宜的目镜还没有通过镀膜来解决这个问题。

• 真实视场：包含目镜在内的整个望远镜系统的视场大小。

现在我们知道了一些关键名词的意思，那么接下来我们做一些关于目镜的小计算。以下三个与目镜相关的公式，能帮助你理解和使用望远镜。分别是：

• 放大率 = 望远镜焦距 / 目镜焦距
• 出射光瞳 = 望远镜孔径 / 放大率
• 真实视场 = 表观视场 / 放大率

只要记住 1 英寸等于 2.5 厘米或 25 毫米，你就可以为你的望远镜计算出这些值。现在拿起你的计算器，我们将尝试计算一些望远镜和目镜组合的参数。假设你有一个 6 英寸的 f/8 望远镜，这意味着该望远镜有 6 英寸乘 f/8 等于 48 英寸的焦距。48 英寸转换为毫米单位是 1200 毫米（48 英寸 ×25 毫米 / 英寸）。

假设你有三种焦距的目镜，分别为 20 毫米、12 毫米和 7 毫米。以下是各自提供的放大倍率：

• 20 毫米的目镜，放大倍率：1200 毫米/20 毫米=60 倍
• 12 毫米的目镜，放大倍率：1200 毫米/12 毫米=100 倍
• 7 毫米的目镜，放大倍率：1200 毫米/7 毫米=171 倍

现在计算目镜的出射光瞳。记住，你必须先把 6 英寸转换成

150 毫米。

- 20 毫米的目镜，出射光瞳：150 毫米 /60 倍=2.5 毫米
- 12 毫米的目镜，出射光瞳：150 毫米 /100 倍=1.5 毫米
- 7 毫米的目镜，出射光瞳：150 毫米 /171 倍 = 0.88 毫米

为了计算出每个目镜的真实视场（FOV），我们需要知道所使用的目镜类型的表观视场。假设你有一个视场为 60 度的目镜。

- 20 毫米的目镜，视场：60 度 /60 倍=1 度
- 12 毫米的目镜，视场：60 度 /100 倍=0.6 度
- 7 毫米的目镜，视场：60 度 /171 倍=0.35 度

因为真实视场通常小于 1 度，这个值通常用角分表示，1 度有 60 角分。因此，对于 12 毫米目镜，真实视场为 0.6 度 ×60 角分 / 度=36 角分。此外，对于 7 毫米目镜，真实视场为 0.35 度 ×60 角分 / 度=21 角分。

我知道这些数学计算是枯燥的，但它确实给出了一些有用的结果。我们可以从结果中得出一些一般性的结论：当你的望远镜倍率增加时，你的出射光瞳变小，视野变小。因为你的瞳孔不能超过 7 毫米，所以买一个出射光瞳大于 7 毫米的目镜是没有用的。对于我们这些早就经历过青春期的人来说，情况更糟。如果你超过 35 岁，你瞳孔的直径可能不会大于 6 毫米。另一方面，小于 0.5 毫米的出射光瞳也不是很有用。事实证明，如果能得到一个大约 2 毫米的出射光瞳，你的眼睛就会得到最佳的分辨率。因此，每组目镜应该提供一个接近这个值的放大倍率。

因此，如果你希望看到船底座伊塔星或猎户座星云（Orion Nebula）的大视场图像，那么就需要一个长焦距和大表观视场的目镜。你在土星环里找恩克环缝吗？或者试图发现行星状星云的细节？那你需要找一个短焦距且具有合适的适瞳距的目镜，这样你的眼睛就不至于需要贴在目镜上观察。也许你希望得到星团和星系的最佳景色：那就用一种能提供约 2 毫米出射光瞳的目镜。

望远镜光学系统有几种不同的设计，目镜中的透镜也有多种排列方式，为观测者提供不同的放大倍率和聚焦视场。本节将研究现代观测者可获得的目镜类型以及每种设计的优缺点。

基本上，随着透镜制造商越来越擅长制造出性质一致的玻璃，他们意识到添加更多的镜片通常会减少目镜的畸变。我们接下来要讨论的许多设计都是以这些透镜组合发明者的名字命名的。

第一代目镜设计，冉斯登（Ramsden）目镜和惠更斯（Huygenian）目镜，均由两片镜片组合而成，以现代标准来说是很差的目镜。它们视野非常狭窄，适瞳距很短且有很大的像差。廉价的望远镜通常配备这种目镜。

凯尔纳（Kellner）目镜是最好的廉价目镜。这种透镜组合已经存在很多年了，它包含一个双合透镜（2 片透镜叠放在一起）和一片单透镜，共 3 片透镜。凯尔纳没有任何优点，但它也没有什么真正的缺点。凯尔纳目镜有良好的适瞳距、中等的视野（45度）和小的场曲。

普罗素（Plossl）目镜由完全相同的两组双合透镜组成。因此它也被称为对称目镜。这是一种非常棒的目镜，许多观测者的目镜不比普罗素目镜好多少。它们的视场（55度）适中，具有良好的适瞳距和良好的畸变校正。它们比凯尔纳目镜贵一些，但物有所值。

无畸变（Orthoscopic）目镜通常不是以它们的发明者米滕茨威（Mittenzwey）和阿贝（Abbe）命名的，我想你可以明白其原因。该目镜有一个突出的特点：目镜几乎不存在像差和畸变。这些平视场目镜有中等的适瞳距和视场（45度）。这种设计包含一个三合透镜和一片单透镜，单透镜靠近眼睛一侧。

爱勒弗（Erfle）目镜是以大视场为目标发明的，他们做到了65度。爱勒弗设计放弃了视场边缘图像的锐度。此外，如果在你观测的天区附近有一颗非常明亮的恒星，一些鬼影就会出现在视场中。在爱勒弗内部是三个双合透镜的组合。

这就是目镜世界多年来的发展现状。此后，计算机化的镜头设计的出现改变了目镜制造商的标准。

纳格勒（Nagler）和超广角（Ultra Wide）登场了。这些电脑设计的目镜包含7或8片镜片，有些镜片被磨成曲面，这在现代镜片抛光机出现之前是不可能的。这些设计提供了一个非常宽（82度）的和低畸变视场。它们的缺点表现在两个方面：成本和重量。所有的镜片都要花更多的钱去抛光和组装。此外，组装完成的此类长焦目镜重达近2磅①。

除了目镜本身，还有一种装置可以改变系统的放大倍率。它被称为巴洛镜（Barlow lens）。只需将目镜放入巴洛镜，然后将整个目镜放入望远镜调焦器中，这样就可以提高放大率了。优点很明显，该系统的适瞳距就等于目镜的适瞳距。所以为了得到相同的高倍率图像，使用10毫米的目镜配合一个2倍的巴洛镜比直接使用5毫米的目镜容易得多（因为前者的适瞳距更大）。

这是个绝佳的办法，在我拥有第一台望远镜时我就买了一个

---

① 1磅＝453.59克。——编者注

巴洛镜，但它也有缺点。我发现超过两倍的巴洛镜会给光学系统引入较大的光学像差，以至于我看到的细节跟不使用巴洛镜相差无几。所以，要适度使用你的巴洛镜。购买一个可以放大 1.8 倍或 2 倍的巴洛镜是比较合适的，你将会发现它是一个非常有用的设备。

现在你已经掌握了所有关于目镜的知识，我敢打赌你仍然在想同样的问题："我该买哪一种目镜？"这个问题很难回答，但我会给你我的意见。如果你刚刚入门，买 3 个目镜。购买一个低倍率的广角目镜，焦距在 25 毫米到 35 毫米之间；买一个中等倍率的目镜，焦距在 12 毫米到 20 毫米之间；再购买一个高倍率的目镜，焦距在 6 毫米到 9 毫米之间。之后，你可以选择 1.8 倍或 2 倍的巴洛镜或者对应焦距的目镜。同时拥有低、中和高倍率的目镜，你就可以观测天空中各种类型和大小的目标了。

随着时间的推移，你的预算可能会越来越充足。这时你可以选择一个 40 毫米的广域目镜，或者中高倍率目镜。我知道如果你刚刚起步，你可能会考虑买一个倍率非常高的焦距为 4 毫米的目镜。但是你要知道，尽管拥有一个可以达到 600 倍的望远镜看起来非常美好，但能够使用极端放大倍率的夜晚数量很少。你可以偶尔使用非常高的倍率，但这种情况绝对不多。

当爱好者们比较各种类型的目镜并确定好预算之后，购买什么样的目镜是很多人谈论的话题。如果你买得起的话，至少从中等倍率的普罗素目镜、大倍率的无畸变目镜和广域的爱勒弗目镜开始。如果你真的缺钱，那么凯尔纳目镜就足够了。但是，若你的伙伴的目镜比你的更好，当你同他们一起外出观测时，那可能是一次昂贵的旅行。通过某个人全新的、引以为傲的目镜看到壮丽的景象后，你就会开始翻看商品目录并检查信用卡的限额。

在我使用望远镜的 20 年里，我用过各种不同的目镜。我的第一台望远镜是 8 英寸 f/6 的，它有一个 1.25 英寸的调焦器，所以我所有的目镜都是这个尺寸。我用了 3 种爱勒弗目镜：20 毫米、16 毫米和 12 毫米中等倍率目镜。当我第一次拿到望远镜的时候，我做了我之前告诉你们千万不要做的事情：我买了一个 4 毫米的目镜，但从来没有用这个目镜看到过一个清晰的图像。我用这个 4 毫米的目镜换了一个 6 毫米的无畸变目镜，后来变成了我观测月球和行星细节的珍贵目镜。有一次我又购买了一个 2 倍的巴洛镜，这些目镜已基本满足了我的观测需求，接下来的几年里我的目镜收藏变化不大。

当我把 8 英寸的望远镜卖了，攒钱买了一台 17.5 英寸的多布森（Dobsonian）望远镜时（是的，我也追求大光圈），我需要

图 1.8　这是 1981 年我和我的 17.5 英寸（450 毫米）牛顿望远镜的合照。这是我第一次见识到真正的夜空。

一个 2 英寸的调焦器和一个目镜来匹配。幸运的是，我找到了一个军队剩余的 38 毫米爱勒弗目镜，它只需要一些加工，制作一个套筒，以适应 2 英寸调焦器。一个有车床的朋友帮我做了这个零件。至此，我的目镜收藏工作暂时告一段落。

20 世纪 80 年代，纳格勒目镜门爆发。我使用的第一个 13 毫米纳格勒目镜有一个严重的问题，对一些观测者来说，也包括我，他们会看到一个"四季豆"——视野内的一个黑斑，无论观测者如何移动他们的眼睛或头部，黑斑都不会消失。我不认为这是一个问题，因为它阻止了我花钱购买这些昂贵的目镜。

然而，米德（Meade）决定发布其超广角（Ultra Wide）系列，这让我有机会在河畔望远镜制造商大会上使用 14 毫米目镜。那是最后一根稻草。这些目镜视野开阔，较长的适瞳距和高对比度让我很感兴趣。我找到了一个人接手我的旧目镜，然后我收集完成一套超宽目镜。与此同时，我还购买了一个 22 毫米的全景（Panoptic）目镜，它在我的 13 英寸 f/5.6 牛顿望远镜上表现非常出色。全景目镜宽阔、平坦、高对比度的视场令人惊叹，它已经成为我最喜欢的目镜之一。

一旦我有了 22 毫米的全景目镜，我就想用 35 毫米的全景目镜来观测（这岂不是美滋滋？）。正如我在我的上一本书《深空观察：天文游客》（*Deep Sky Observing—The Astronomical Tourist*，同样由施普林格出版社出版）中提到的，我计划用那本书中的稿费来买一个 35 毫米的全景目镜，我已经这样做了。感谢所有购买这本书并为我的目镜收藏做出贡献的人。

这些年来，我对我的目镜种类做了另一个改变：我已经不再使用巴洛镜了。现在高倍率目镜朝着大的适瞳距进行设计，使用起来比以前更舒适。我有几个镧系（Lanthanum）目镜，它们具有大约 20 毫米的适瞳距和一个清晰且对比度高的视野。因为我现在有能力购买 5 毫米的高倍率目镜，所以我不需要巴洛镜了。

去参加天文会议的好处之一是有机会看到和使用各种各样的设备。近 30 年来，我和我从事观测的朋友大卫·弗雷德里克森一直参加河畔望远镜制造商大会。我们有机会与各种各样的观测者会面并讨论，看看他们在做什么。2003 年，我们与星特朗的一位工程师讨论了 Nexstar 11 的制造过程，然后我们有幸在星空下使用它。因此，大卫和我都购买了 Nexstar 11 GPS，并对其光学和机械性能非常满意。每一个大型天文会议都有一个二手市场，你可以在这里找到各种便宜实惠的望远镜和配件。所以我强烈建议你花点时间参加一个大型的"天文派对"。

你需要好好维护你的目镜。在一些泡沫填充物中间挖出一个适合目镜大小的洞，将目镜放入加以保护。清洁目镜时要小心，不要用大力摩擦它们，手法永远要轻，否则你会刮伤涂层。清洁前，用一个气吹或罐装空气吹掉灰尘。我用一种我在相机店买的特殊清洁布，它能很好地去除经常不可避免的油性指纹。如果你购买了质量上乘的目镜并保护它们不受恶劣天气的影响，它们可以使用很多年，为你提供美丽的星空图像。

1.4 观测什么——恒星、星系和星云

好的，现在你是那台新望远镜的主人，且在目镜上做足了功课，并对你购买的设备很满意。那么问题来了："我能借助这些设备看到什么？"

本书中的所有观测目标都是太阳系以外的天体，因此被称为"深空"天体。最明显的深空天体是恒星。恒星是发光的气态星球，其核心具有极高的温度和密度，因此触发了核聚变反应。聚变反应是低质量原子（氢和氦等元素）合成更重的元素（氧、钙和铁）的过程。比如我们的太阳就是一颗相当普通的恒星。

我认为，我们的宇宙最令人赞叹的一个事实是，你呼吸的氧气、牙齿中的钙元素和血液中的铁元素都产生于恒星。第二个最令人赞叹的事实是，人类发现了这一点。

当我们进一步了解恒星的大小、温度和亮度时，我们需要使用英文字母给它们分类。为了谈论某事，我们首先需要发明一种语言。因为我们在 19 世纪时对恒星知之甚少，事实证明恒星的温度和大小顺序与字母顺序并不相同。因此，按照从最热到最冷的温度顺序，分别定义光谱型为：O、B、A、F、G、K、M。[①]我们的太阳是一颗相当普通的 G2 型星。幸运的是，它们可以持续燃烧很长时间，并且在此期间能量输出基本不变。炽热的 O 型星和 B 型星在关于星云及其发光原理的讨论中起到重要作用。

只要套上广域目镜，在天空中扫视一下，你就会看到许多恒

---

① 记忆口诀 "Oh, Be A Fine Guy/Girl: Kiss Me!" ——译者注

星聚集在星团中。这些恒星的引力将它们聚集在一起并固定在星团中。这本书将介绍围绕星团的几个星云。

星云是存在于恒星之间的尘埃和气体云。它们在望远镜图像中显示为一团模糊的云。恒星有一个生命周期：出生、燃烧和死亡。星云在这个生命周期中发挥着关键作用。恒星气态星云是恒星点亮并开始发光的阶段。当恒星接近生命的尽头时，它们会将尘埃和气体抛射回太空中以再次利用。"星云知识"一章将更详细地介绍这一点。

星系是巨大的"星城"，它们将恒星和星云聚集成巨大的团块。同样，恒星的引力使银河系得以维持其形态。当你远离城市的灯光时，你可以看到天空中来自银河系的光芒，这就是我们生活的银河系。银河的光芒来自数百万颗恒星。星系是宇宙中最常见的组织结构。就像有星团一样，也有星系团。请记住，引力将所有东西聚集在一起。唯一存在"反重力"的地方是《星际迷航》，抱歉，跑偏了。

本系列中还有其他书籍将涵盖各种天体。本书将集中关注星云，讨论它们是什么以及在望远镜的目镜上可以看到什么。

第二章

成为一位深空观测者

为了将观测体验提升至最佳，除了能够为观测配置好望远镜之外，你还需要做一些额外的事情。这一章将介绍一些你在进行深空观测时需要考虑的事情。

2.1 ▎选 址

由于现在大量的人都生活在一定规模的城市里，需要找到一个观测地点，让你远离城市的灯光、雾霾和交通。所有最好的天文观测台址都远离城市。

我和我的观测伙伴们通常把我们的观测点分为两种。"近距离"观测点距离城市约 40 至 60 英里[①]（60 至 90 千米）。这样，我们就可以在下午出发，日落前到达现场，架设好望远镜观测上几个小时，然后拆除望远镜，在午夜或凌晨 1 点左右打包好所有东西回家。我们的"远距离"观测点更加远离城市灯光，大约是"近距离"观测点距离的 2 倍。这通常要求我们在那里过夜。如果我们要去一个更远的地方，那么我们就会停留两晚来延长观测时间。

在美国和加拿大进行观测有一些好处，在西部各州有各种类型的公园和公共用地，是放置望远镜和欣赏夜空的绝佳地点。但

---

① 1 英里约等于 1.61 千米。——编者注

在美国东部和欧洲大部分地区情况并非如此，可选观测点有限。当地天文俱乐部此时就发挥了作用，因为许多天文俱乐部都是建立在观测站周边，由会员维护和使用。

如果你正在寻找一个新的观测点，有几件事需要考虑：

· **它离城镇有多远？** 你将需要权衡光污染程度和车程。

· **这个地方能容纳多少人？** 如果只是作为你和几个朋友的观测点，那么一块小空地就可以了。如果你正在为你的 50 个成员的天文俱乐部寻找一个地点，那么你需要寻找一片更大的空地。

· **附近是否有便利设施？** 营地旁最好有公共厕所，但这可能会吸引很多其他手持手电筒的人。对于美国人来说，火把就是手电筒，我猜你现在脑海里闪过了电影《科学怪人》的画面。我一般会选择一个附近有一些小城镇的地点，这样我就可以在白天购

图 2.1 仙人掌天文俱乐部在亚利桑那州快乐杰克小镇附近举办的"五英里草地"之旅。这里远离凤凰城的光污染，在这个 6800 英尺（2100 米）[①]的高海拔地区，观测效果非常好。

---

① 1 英尺约等于 0.3 米。——编者注

图 2.2　仙人掌天文俱乐部在亚利桑那州塞多纳红岩州立公园附近举办活动。

买一些物资。另外，附近有医院可能会更加方便，虽然我从未去过。

· **我可以看到多大的天区？** 有很多地方在地图上看起来都不错，但你到那儿以后就开始后悔了。有一件事是任何地图都不会告诉你的，那就是该地点树木的数量和高度。你必须投入时间和燃油去实地考察一个候选观测点。当 A. J. 克雷恩和我在亚利桑那州的中央山脉（Central Mountains of Arizona）寻找一个观测点时就花了不少时间。当时我们大概是上午 10 点就出发了，大多数时间都花在开车上，我们在每个地点都要确定透过树木能看到多大的天区。给你一个建议：做好笔记。事实证明，我们的笔记是非常宝贵的记忆工具，它会告诉我们哪些地点合适，哪些地点不合适。

对我来说，最贵的观测点在另一个半球。我和一个叫吉姆·巴克利的澳大利亚人通信已有 20 余年了。吉姆和他的妻子琳恩很友好，允许我在他们那住上几个星期，我在那儿观测到在亚利桑那州看不到的那部分星空。吉姆还在昆士兰州的梅登威尔小镇（Maidenwell）附近建立了一个公众观景台。只要花点钱，你就可以请到一位熟悉南半球星空的导游。

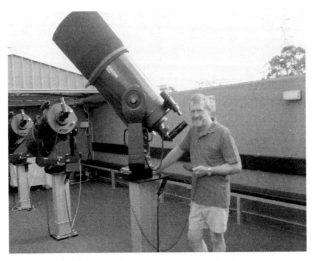

图 2.3　吉姆·巴克利在澳大利亚昆士兰的梅登威尔天文台[①]。他正准备用 3 台 14 英寸 SCT 观测美丽的南天星空。

---

① 现更名为金格罗伊天文台（Kingaroy Observatory）。——编者注

2.2 保　暖

　　我绝对可以保证，如果你在观测时没有做好保暖措施，你的观测时间一定会缩短。因为你站在目镜前一动不动，身体产生的热量很少，这样很容易着凉。对温度的不适应会让你的注意力转移到自己的身体，而不是目镜中的星象。

　　首先，选择穿一件较厚的外套，加上工装裤或滑雪围兜可以让你的腿部保持温暖。脚是最先变冷的身体部位之一，靴子和两双袜子是温暖双脚的好帮手。薄手套或指尖外露的"攀岩者手套"可以让你在寒冷的夜晚写一些笔记。羊毛帽或派克服也非常有用，因为大量的热量会从你的头上散发出来。另外我还戴一条围巾来防止热气从大衣领子里漏出来。

　　我发现有两个现代的保暖辅助工具非常方便。杂志《业余天文学》（*Amateur Astronomy*）的编辑汤姆和珍妮·克拉克告诉我有一种用现代纤维编织成的袜子，其中一个品牌名称是"Therlo"。袜子本身很薄，这是为了在上面再套上厚厚的羊毛袜而设计的。一旦我把这两双袜子都穿在脚上，再穿上一双厚靴子，我的脚就不会冷了。自从我使用它们后就没有挨冻过，强烈推荐！

　　另一个辅助工具是发热包。这些小包装的活性炭暴露于空气中时会升温。它们有各种尺寸，一些甚至可以放进靴子里。你只需打开发热包上的塑料包装，当它接触到空气中的氧气时就会开始升温。我把它们放在口袋里，准备睡觉时就扔进睡袋里，非常暖和。里奇·沃克告诉我，他买了一个用来暖背的发热包，可以让他在整个晚上保持温暖。我的爱妻琳达是一名护士，她说在肾脏处放一个发热包会使你身体里循环的所有血液都变暖。

2.3 | 汽车露营

　　如果你有幸住在远离城市灯光的地方，我会非常羡慕你。然而，我们大多数人想要欣赏这样的夜空，就必须通过露营。这意味着我们需要考虑汽车露营，而不是徒步旅行。

　　显然，首先要考虑的是车辆本身。我曾拥有两辆卡车，其床铺的长度足以让我在安装并设置好望远镜后睡在那里。当我的第二辆卡车在停车场的时候，我测量了车上床的长度，只是为了确定13英寸望远镜的镜筒组件可以装在后面。我用我的13英寸牛顿望远镜镜筒观测了很多年，它还有一个大型的脚架，由皮埃尔·施瓦尔制造。我用这套配置度过了很多周末，像一个星旅者享受着这片星空。

图2.4　肯·里夫斯用一组坡道把他20英寸的望远镜盒子从卡车后面搬出来。天文爱好者的创新是出了名的。

图 2.5 我只是想向你证明亚利桑那州会下雪。这是我的斯巴鲁 Outback 旅行车停在我嫂子的小屋附近，靠近希伯镇（Heber）。我在那里写下这本书，显然那时不是在观测。

　　随着时间的推移，我已经更换了望远镜和交通工具。我购买了星特朗 Nexstar 11，与此同时，我还买了一辆斯巴鲁 Outback 旅行车，我发现这个组合非常好。这辆车比我以前的卡车好开多了，而 NS 11 可以观测到各种天体的绝佳景色。我的观点是，在购买望远镜时，你要同时考虑望远镜和交通工具是否匹配。我知道你们中的许多人都有一辆某种类型的家庭轿车，并且不会在短期内更换。尽你所能吧，但要意识到如果你的车是低底盘轿车，那么你能行驶的道路类型非常有限。

　　拥有一辆性能可靠的车是必不可少的，并且要让你的车保持最佳状态，因为被困在远离城镇的地方将会非常糟糕。另外，准备一个好的备胎，带一张毯子和一些水以应对最坏的情况。

2.4 许多需要携带的物品（别遗漏了）

说实话，我一直在努力让自己的物品存放变得更有条理。我用的方法是制作各种尺寸的盒子，装上所有组装望远镜所需的部件。你可以去当地的五金店，那里会给你提供多种塑料盒和板条箱。现在我已经制作了三个盒子——一个用于 Nexstar 11，一个用于 100 毫米折射望远镜，还有一个根据外出所需灵活装配。每台望远镜都有自己的盒子，然后每次外出的东西都在第三个箱子里。目前看来，这种方法似乎非常有效。

你肯定需要一个工具箱来处理你使用的所有类型的零件：传统扳手和内六角扳手，公制的和英制的都要。这两种尺寸的组合让我感到烦恼。星特朗和它的大部分部件都是英制的，而折射式富场望远镜（Rich Field Telescope，简称 RFT）和它的配件都是公制的。这个世界怎么这么麻烦！

有两种方法可以让你在需要时获取所需的工具：

1. 携带所有适配你曾经拥有的望远镜的工具，以及一些适合你朋友的望远镜的工具。

2. 确定你本次携带的望远镜部件和附件的类型，外出观测时只携带适配这些部件的工具。

是的，我计划有一天也将我的工具箱整理成这样。但是，现在我正在写这本书，所以我带了一个大工具箱，里面塞了很多工具和其他零件。当朋友的望远镜坏了的时候，有一个大工具箱确实会让你非常受欢迎。

如果你现在出现在我的车库，你会在墙上看到一张清单。它会提醒我外出观测需要携带的东西，请你给自己也做一张。每次离开前再检查一遍。到达观测点后，发现自己忘记了一些与望远镜操作或操作人员有关的重要物品，这将是一个非常糟糕的夜晚。

我遇到过一些人，他们忘记携带目镜、保暖衣物、望远镜部件、食物、水、配重和星图。有些事情你可以解决，有些则不能。如果你是独自观测，那么这是一个非常棘手的问题。当我需要携带一些特别的东西，比如彗星的观测表或星历表时，我会在出发的前一晚把它放进车里，以确保我不会忘记携带。

当我还是一名"童子军"的时候，他们的座右铭"随时做好准备"我一直铭记于心。

第三章

计算机的使用

在深空观测方面，一台好的计算机可以做很多事情。我不会在这里花时间讨论计算机类型及其部件构成，因为任何优秀的现代计算机都可以完成相关的工作。更快的处理器、更多的内存和更大的硬盘容量固然好，但不是必需的。

图 3.1　进入时光机器回到 1985 年。这是我的"286"电脑[①]的照片，为保险起见，我拍了这张照片。它以 10 兆赫的惊人速度运行，拥有 128 千字节的内存和 20 兆字节的硬盘。如果我没记错的话，大概花费了 3000 美元，运行 DOS 3.3，我感觉我到了世界之巅。

---

① 286 电脑出现于 20 世纪 80 年代，使用英特尔公司研制的 80286 微处理器，是个人电脑起步的标志。——编者注

3.1 ┃ 天象馆软件

　　现在已经有很多天象馆软件，它们基本上都能显示从肉眼到大型望远镜等各种仪器视野下的天空。我个人最喜欢的是克里斯·马里奥特的 Sky Map Pro[①]。正如许多类似的程序一样，它包含了大量关于恒星、星系和星云的信息。程序里可以自定义任意一年任意一天的时间，以及你的望远镜的大小，屏幕还会显示出模拟观测画面。然后你可以将其打印出来，作为个性化星图。此外，还有一个讨论 Sky Map Pro 的雅虎小组。如果你加入这个小组，你可以在里面提问，其他成员或作者会回答你的问题。

　　如果你从来没有使用过这些软件，那么你可以从这类的免费软件开始入门。在我看来，这些免费天象馆软件中最好的是 HNSky，它非常强大且不需要任何费用。这个软件是研发者韩·克莱因练习编程的一个成果。

　　如果你想自己摸索，又不希望被其中的细节所干扰，那么可以试试 StarCalc。它使用起来很简单，并能显示大部分的天空，你可以快速入门。用任何一个搜索引擎在互联网上搜索，它们都会引导你获取与这些程序相关的网站。

---

① Sky Map Pro 是一款星空地图软件，创建于 1990 年，可以准确描述星空位置及分布。——编者注

3.2 ┃ 特殊软件

　　有几种其他类型的软件对天文观测者有帮助。比如我使用一个软件来显示指定夜晚的月出和月落。许多天象馆的软件都包含这些信息，但我认为最好是有一个快速可用的软件来告诉我某个特定夜晚的情况。

3.3 做笔记

　　这也是我经常用电脑做的另一项工作。我会在观测现场写下我的笔记，有时会将笔记写在纸上。回到家后，我会把笔记输入电脑，并将其归类到相应的星座文件夹。这是我几十年来记笔记的方法。如果其他方法适合你，那也很好。一些天象馆软件都有内置做笔记的功能。你可以调取包含某个目标的天区图，在那里可以看到你以前做的一些笔记。

　　一旦我将我的观测结果输入到电脑，那么我就可以用它们做各种各样的事情。我一直在为《业余天文学》（网址：cloudynights.com）写文章。我的这些笔记随手可得，且可以很快捷地编辑成文章，这让我轻松不少。此外，如果我加入的电子邮件小组正在讨论某个天体，我便可以通过使用标准的复制和粘贴命令来分享我的观测结果或相关笔记。

3.4 | 笔记本 vs 台式机

　　这是一个有趣的辩论，至今我还没有得出哪一个更好的结论。迄今为止，我不会在外出观测的时候携带笔记本电脑，这有两个原因。首先，我并不清楚当电脑处在寒冷的户外时，其电池技术是否可靠。如果电池没电了，而我又没有备用电池，那我还得在纸上做笔记和绘图。其次，我还尚未找到一台笔记本电脑，其显示屏的亮度不会影响到我的夜视能力。如果在屏幕上覆盖较厚的红色塑料膜来降低亮度，那么屏幕对于我的老花眼来说又太暗了，我无法看清屏幕上的内容。我固然知道，在野外有一台笔记本电脑会带来很多便利，而且所有的笔记和图表都在手边，听起来确实很不错。但是，现在我还不够信任这套体系，所以我不能依赖它。

　　还有一个原因不那么有形，而更多的是精神上的。我有一个文件柜，我的纸质观测记录都放在文件袋里。我打开这些文件袋拿出当晚的观测记录，看到原始形态的笔记和图绘时，我能立刻联系起观测当晚的情况，而电子文件则无法做到这一点。

第四章

星空下的夜晚

在这一章中，我将探讨如何组织一场有趣的夜间观测活动。我希望你能从中领悟一些观测模式，并将其添加到你的观测活动中。

4.1 ▏观测列表

我常会制定一个某种类型的观测列表。在我看来，夜空下的时间是很宝贵的，我需要尽可能避免浪费它。你可以试着在你的列表中添加一些曾经从未观测过的天体。如果你要观测一个你经常观测的目标，那么记下一些你从未见过的特征。你也可以寻找你从未观测过的天体类型，如超新星遗迹。

你可以准备一个够你接下来几年观测的大星表。梅西耶星表（Messier）是最有名的，赫歇尔 400（Herschel 400）天体表也有一些闪亮且有名的目标。如果你想接受一个大挑战，那么《伯纳姆天体手册》（*Burnham's Celestial Handbook*）包含了一个很长的星表，这可以让你忙上一二十年了。大约 4 年前，我完成了对整个伯纳姆星表的观测，至少是我在亚利桑那州能观测到的部分。接受一个巨大的挑战并完成它的感觉非常棒。仙人掌天文俱乐部的数据库列出了全天中最亮的一万个天体。如果你完成了，我很想听听你的观测故事。

如果你不想自己制定观测列表，那么每一本主流的天文学杂志上都会有一篇关于深空天体的文章。你只要拿起最新一期的杂志，和作者一起观测本月的列表。显然，我计划让你观测本书中的天体，所以在按季节观测的四个章节中都有关于每个天体的信息。后面的附录是一章（些）关于天空中许多不同星云的信息。

4.2 | 出发前的准备

　　我知道这看起来微不足道，但小睡是观测准备过程中一个很好的休息技巧。如果可以的话，你在外出观测前应稍微休息一下；如果你很难在家里睡午觉，那就早点出发。你在现场把瞄准镜安装好后，躺在车后座上，到天黑的时候你就准备就绪了。

　　在装好车并检查了清单以确定没有遗漏任何物品之后，我就准备出发了。和朋友一起去观测点确实能更快地打发时间。如果你们是两个人在一辆车里，或者组成一个大车队，人多就安全了。我们经常在去程和返程的路上用民用对讲机聊天儿。这会让人感觉时间过得很快，而且确实提升了安全系数，因为我们可以提醒其他人留意道路上的危险情况。在美国，卡车司机在高速公路上通常会收听交通广播频道 19，频道 9 是为真正的紧急情况服务的，所以需要选择一个有别于专用频道的频道。

　　我们一般在下午尽早上路，以便在日落前到达现场。这样在黄昏前可以有一个小时的时间装配望远镜。

4.3 ┃ 在观测点

　　我们通常将车辆并排停放，这是为了给每个人在车尾工作腾出尽可能大的空间。我有一张折叠桌用来摆放使用望远镜时需要的所有配件，非常方便。我会带一些毛巾来盖住所有的东西，因为它们有可能会被露水打湿。现在有专门为许多不同类型的望远镜制作的覆盖物，但我暂时还没有买。

　　这样的摆放可以让我减少从望远镜走到车后拿取笔记和星图的次数。通常情况下，最先感觉到累的是你的脚。所以，再次强调，稍作休息是观测工作中一个很好的技巧。小组中的一位成员喊出"10 分钟后休息"，然后我们会拿出折叠椅，围着桌子吃东西、休息，聊一聊我们正在观测的东西，稍微放松一下双脚。

图 4.1　仙人掌天文俱乐部成员正准备观测。我们把车排好，这样大多数人和望远镜都能方便就位。此外，你也可以把卡车的尾板当作工作间。

尽早穿上你的御寒装备。我发现，如果我让自己变冷，就很难再暖和起来，也很难让自己舒服。一旦我感觉到有冷下来的迹象，我会马上多穿一件衣服，这种情况通常发生在黄昏时分。

　　准备好零食和水也是一个重要的技巧。你如果要走动几个小时，可能会因为没有补充足够的能量而感到寒冷和疲劳。因此，在其中一段休息时间里需要吃点东西喝点水。

　　如果你打算当晚开车回城，一定要早点出发以保证路途安全。如果你在趴方向盘上睡着了，对你和你的望远镜都是一种伤害。我知道，当头顶上群星闪耀的时候，你会非常不舍得离开，但这可以防止悲剧发生。再强调一遍，用民用对讲机聊天儿会让你保持清醒，一定要坚持参与话题的讨论。

4.4 回家后

现在，当我打开望远镜和其他设备的袋子，我会把需要清洁或修理的东西放在一边。如果下次再去观测，却发现上次坏掉的配件还没修好，那就太糟糕了。

下一个任务是把我的笔记输入电脑。我尽量在一天内完成，这样我就能记住我看到的东西，并记下详尽的电子记录，描述它在目镜中的样子。然后，我把纸质笔记存入我的归档系统。

4.5 "五英里草地" 之旅

2004 年，仙人掌天文俱乐部在一个我们称之为"五英里草地"的地方进行了一次郊游。之所以称为"五英里草地"，是因为那里有一片草地，离柏油公路 5 英里。这个地方海拔很高——6800 英尺（2100 米），我们已经对这个地方进行了考察，以确定一辆家庭轿车可以在不损坏底盘的情况下完成这次旅行。我收拾好斯巴鲁 Outback 旅行车并检查了我的清单，以确定我没有遗漏在偏远地区度过快乐周末所需的一切物品。A. J.、大卫和我于星期五下午开车前往，我们在民用对讲机上闲聊，话题从周末的天气聊到我们计划今晚使用的新配件，无所不谈。

图 4.2 这里是"五英里草地"，距离旗手市大约 30 英里。下午，树木可以为你遮阴，晚上的天空非常棒。

当我们到达现场时，我们意识到这将是一个美好的夜晚。天空中没有云，当我们架设好望远镜时，许多其他的观测者也赶来了。到了黄昏时分，有 22 辆车，大量的望远镜和观测者都沐浴在星光下。我们度过了一个美好的周末，并将第一晚的透明度评为 10 分，真是好得不得了。周六晚上的透明度为 8 分，仍然很好。银河很宽很亮。我用我的 100 毫米（4 英寸）RFT 折射望远镜去寻找天蝎座和蛇夫座的暗星云。

我们做的几件事对观测顺利进行产生了影响：我们穿得很暖和。当我们离开凤凰城的沙漠地带时，温度是 100 华氏度[①]（约为 38 摄氏度）；到凌晨 2 点，温度是 28 华氏度（约为零下 2 摄氏度）。这对于沙漠居民来说已经很冷了。因此，准备好所有的防寒装备是很重要的。此外，我们还做了功课：我们找到了一个不错的地点，并制定了一个观测列表，所以到了有新月的周末且天气好的时候，我们就可以随时出发。这其中有些靠运气（天气），有些靠我们的准备。

不过我们确实忽略了一件事——昆虫。那片草地上有一些肉食性的小虫子，我和其他人一样，脚踝上都被咬出了小红印。因此，明年我们会在出发前备好驱虫剂。还有一件事要补充，那就是要"时刻准备好"。

---

① 华氏度和摄氏度的换算关系为，华氏度 = 摄氏度 ×1.8+32。——编者注

第五章

提升你的技能

我相信我的读者愿意花一些时间和精力来获得成为一个狂热的深空观察者所需的技能。因此，要成为一个熟练的观察者，你需要知道一些事情。

5.1 ┃ 适应黑暗环境

人类的眼睛是一种神奇的光线探测器。白天，它能看到远近物体惊人的细节。一旦夜幕降临，眼睛和大脑协同工作以适应周围环境的亮度，这些环境比白天要暗约 10,000 倍（这是假设月球位于地平线以下的夜晚亮度）。如果你计划在当天夜晚观测，白天就戴上太阳镜外出吧。在我看来，耀眼的日光使你的眼睛需要额外的时间来完全适应黑暗环境。

你不需要做任何事情来启动这种物理和化学反应。一旦你适应了黑暗，你就必须保护它不被干扰。一束白光就会导致你的眼睛需要 30 分钟左右的时间才能重新适应黑暗环境。所以，除非是紧急情况，否则不要开灯，不要和那些滥用白光的人一起观测。保护措施也简单——使用暗红光手电筒，关掉车门激活灯，并确保你周围的其他人也这么做。我再说一遍，制作一个暗红光手电筒。我建议把一些遮光胶带缠在手电筒前面，以确保它提供微弱的漫射光。

A. J. 和我发现，在通过目镜观测时，头上盖一块黑布能让你看到更深的极限星等。当我使用"僧侣兜帽"时，我确实能看到观测目标的更多细节。我用的是一块黑布，A. J. 用的是一条黑色的毛巾，但不管怎样，它都能让你专注于望远镜视场内的景象，还能挡住即使是在黑暗环境但依然存在的外部光线。

5.2 学会细心观察

你花费了所有的时间、金钱和精力来到夜空下，还为自己配备了一台好的望远镜和一双适应黑暗的眼睛。所以，视野里的每个目标不要只是一扫而过，要花点时间仔细观察星云、星团或星系。你可以使用高或低倍率目镜来获得目标及其周围视场的完整图像，还可以尝试各种各样的滤光片，我们将在下一章详细讨论这些问题。

尝试使用眼睛的余光观察（眼角余光法）。事实证明，视觉最敏感的部位不是视线中心，而是余光的部分。在海军服役期间，当我们在海上寻找远处的船只时，我们会"望向地平线以上"。我向你推荐同样的方法，看视野中目标的上方，你会看到较暗的物体或者较亮的物体的更多细节。

几年前我意识到，我对一些最明亮、最著名的天体所做的笔记，到头来不过是一声"哇"。因此，我为自己创建了"明亮天体项目"。我从梅西耶星表开始，添加了NGC[①]中最佳的观测目标，并创建了一个观测列表。然后我让自己真正花时间在每一个目标上，直到我在每一个目标上均取得一个很好的观测结果，真正定义了我能看到的东西。我用了双筒望远镜、寻星镜，以及各种滤光片和不同倍率的目镜。它让我意识到，如果我花时间真正地仔细观察，而不仅仅是瞥一眼目镜，会有很多的细节可以发掘。

---

① 全称为 New General Catalog，由丹麦天文学家德雷尔于 1887 年所编辑的星云、星团与星系总目录。——译者注

关于记笔记，我怎么说都不为过。我的笔记是我观测一晚后带回家的战利品。我经常翻阅我的笔记，阅读我以前看到的东西。当我在网上聊天儿时，有了电子版的观测笔记，讨论起来就容易多了。显然，这也使本书的写作变得更容易。这一开始并不容易，但多年来我把我的笔记输入电脑后确实让它变得容易了。我把我的笔记文件按星座保存，正如你将看到的，这就是我在本书的观测部分展示它们的方式。

5.3 ︳保持舒适

　　我真的相信，当你处于舒适状态的时候你会看到更多东西。观测时，我会尽量坐下来，这是 Nexstar 11 和可调节高度的椅子的一个优势。坐下来是一种享受，不用担心会摔倒。如果你是一个大牛顿望远镜的拥有者，那么仔细挑选你的梯子，购买一个每级踏板都较大的梯子比标准梯子更加舒适。你想要的肯定不是一个紧贴你脚背的狭窄站立区，一个大踏板可以让你的整个脚舒服地站在梯子上。我拥有 13 英寸 f/5.6 牛顿望远镜的原因之一是大多数情况下它不需要借助梯子来观测。当我观测天顶附近的时候，我需要一个小踏板，所以我带了一块宽木板，让我的整个脚舒服地站在这块 5×25 平方厘米的板上。A. J. 称它为"人类增高垫"。

图 5.1　坐在目镜前可以舒适地进行观测。

5.4 了解望远镜中目标的星等

星等系统不是线性的。换句话说，给定的值在图形上不能连成一条直线。这一切都是因为你的眼睛不是光的线性探测器。如果一颗星的亮度看起来是另一颗星的 2 倍，那么它发出的光大约是较暗星的 2.5 倍。同样，星等系统中，数值小的是明亮的恒星，数值大的是暗淡的恒星。我有一个记忆技巧，一颗星等是"第一梯队"的"一等星"，显然它比星等在"第二梯队"的"二等星"更亮。

让我给你们举一个关于星云的例子。天琴座中著名的环形星云（M 57）的星等为 9.0，在 Nexstar 11 和 4 英寸的折射望远镜上都很容易发现它。NGC 2346 是麒麟座中的一个行星状星云，其星等为 12.5。我在 4 英寸的折射望远镜里看不到它，但是它在 Nexstar 11 里却很亮。以我使用 11 英寸望远镜几年的经验来看，用那台望远镜很难看到比 14 等更暗的天体。

你需要确定望远镜的极限星等。大多数天象馆软件会给你一个特定区域的场星星等。在星图上找到一个包含各种星等的天区，用它来确定望远镜的极限星等。最好的方法是观测时详细地画出那片区域，然后和星图作比较。互联网上还有一些变星观测者提供的星图，你也可以使用这些星图。

这里还有一个更复杂的问题。它被称为面亮度。当我们讨论一个延展的天体而不是恒星的亮度时，星云的光散播到一片相当大的区域，而恒星只是一个点。所以环状星云可能有 9 等恒星的亮度，但它呈现在观测者眼中的是来自一个比恒星大得多的天体。因为恒星的光更集中，所以它比同星等的星云更容易被观测到。另一个很好的例子是 NGC 7293，水瓶座的螺旋星云。这个天体的总星等为 6.0，但它覆盖了一大片天区。因此，即使一个视力正常的人可以看到一颗 6 等的恒星，但如果没有一副双筒望远镜，他不可能看到螺旋星云。

5.5 了解望远镜中目标的大小

现在我们已经对一个天体在目镜里呈现的亮度有了一些概念，下面让我们来了解一下它的大小。描述天体的大小有三个单位，最大的是度：1 度等于一个圆的 1/360。例如，礁湖星云和船底座伊塔星云大小约为 1 度。对度进一步细分得到角分，即 1 度等于 60 角分（1/60 度），如环星云的大小是 1 角分。进一步细分得到角秒，也就是角分的 1/60。在一个视宁度良好的夜晚，恒星在高倍率望远镜里的大小约为 1 角秒，许多较小的行星状星云的大小只有 2 到 5 角秒。

船尾座的 M 46 星团是一个很好的观测大小差异的对象。星团的大小为 27 角分。我知道有时候很难分辨银河中的星团，但请尽力而为。然后注意在星团的边缘有一个小星云，这就是 NGC 2438，它的大小是 65 角秒。通常给定的星云大小比它在望远镜中显示的要大，这是因为它是由长曝光照片或 CCD 图像测量的。花费一点时间来比较一些天文目录中给定的尺寸与你在目镜中看到的大小，这样你就可以感受一下与角直径相关的单位，以及它们在给定的望远镜放大倍率下的特征。

5.6 | 了解望远镜的定向和方位角

下一件对你有帮助的事情是学习一些关于望远镜目镜的方向的相关知识。这样，当你在观测和使用星图时，你就不会迷失方向。

只要把望远镜推向北（北极星），视场中看到恒星进入视场的那一侧就是北。如果是住在赤道以南的观测者，可以把望远镜尾部推向南极座。粗略地说，推向南十字下方就差不多了。然后将望远镜尾部推向东方地平线，视野中的星星将从东面离开。不管你在地球上的哪个地方，这个方法都是有效的。如果你用的是赤道仪底座，这很容易，因为底座已经设置为按照天球坐标方向移动了；如果是经纬仪底座，则需要尽可能去猜测方向。当经纬仪系统在天空中移动时，视场中的罗盘方向随着望远镜与地平线的夹角度数的变化而变化。

一旦你知道了视场的方向，你可以用这个信息做两件事。当你阅读我的笔记时，你会发现我经常给这些天体一个方位角（PA）。你可以自己估计一下，看看它是否与我或其他观测者得到的一致。方位角值从北0度开始，然后顺时针到东90度，南180度，西270度。

你可以利用这些信息做的第二件事是将其与星图进行比较。如果你将望远镜对准一颗已知的恒星，并希望以那里为基准向东南移动，你需要知道目镜的基本方向，这样你就可以朝那个方向移动。

我保证这一定会很好玩。如果你以前没有做过这些，这似乎是一项艰难的任务。不过，我敢保证，如果你学会使用望远镜并做好笔记，你会更享受观测的过程。对我来说，这个爱好的真正乐趣之一是，阅读我的笔记，重温多年前的观测场景。回忆过去的时光可以激起再次观测某些天体的想法（热情），或者推动你去尝试观测一些上次错过的天体。说真的，这很有趣。

第六章

星云知识

现在你已经对如何成为一名深空观测者有了一个很好的认识，本书接下来的部分将专门介绍星云。"星云"（nebula）这个词在拉丁语中指"云"。在早期的天文学历史上，望远镜里看到的任何模糊的物体都被称为"星云"。随着时间的推移，我们对宇宙的了解越来越多，这让我们意识到，大多数被称为星云的物体都是星系：遥远的星城，它们看起来模糊，只是因为它们太遥远了。有了这些知识，天文学家们只不过是继续用星云这个词来指代星际介质中的气体和尘云。

我们首先介绍 5 种星云，然后再讨论光的波长、光谱以及使用滤光片来观测恒星中暗淡的发光云团。

6.1 ▍发射星云

发射星云是一种会辐射光子的气体云，许多星云都有恒星嵌入其中，因为恒星是在星云中诞生的。这些新生恒星通常非常热。我们的太阳大约有 6000 摄氏度，所以它是黄色的。这些热的 O 型和 B 型恒星的温度在 9000 到 12,000 摄氏度之间，因此会发出大量的紫外辐射，这是一种足够晒伤你皮肤的辐射。

星云中的紫外辐射也向星云中的原子传递能量。它会使原子电离，也就是说它会释放足够的能量，使电子从原子的外层脱离。当这些电子最终与离子重新结合时，它们在重新结合的瞬间释放出一个光子。发出的光子不是任意的，其能量具有特定的波长，波长由所涉及原子的类型决定。换句话说，你可以通过发射星云中原子发出的光的颜色来判断云的化学性质。星云中不仅有恒星在发光，星云本身的气体也在发光。

6.2 反射星云

　　反射星云是含有尘埃的星云，它们不会自己发光。附近的恒星发出的光被星云内的尘埃和气体反射，而我们正好处在可以看到反射光的正确角度。就像在日落后的半个小时左右，夕阳上方的云会反射太阳光，我们看到这些云发光是因为我们在正确的角度看到了它们反射的光。这些云内尘埃的大小和组成决定了它们反射的光是蓝色的。这是最罕见的一种星云。

6.3 行星状星云

行星状星云和行星没有任何关系。第一个行星状星云与天王星和海王星在同一时间被发现。这些外行星在望远镜中看起来像蓝绿色的小圆盘，而一些行星状星云在望远镜中也像蓝绿色的小圆盘。类似的外观产生了沿用至今的名字。这是最常见的星云形式。如果你不相信我，启动你的电子天象馆软件，把它对准银河系中央的天鹰座、天鹅座或射手座，设置深空天体的极限星等为15。看看那些出现在你电脑屏幕上的行星状星云，很多都很小且很暗，但它们确实存在。

行星状星云是像太阳这样的恒星生命末期的状态。较小的恒星在生命结束时不会爆炸，它们以大约每秒15千米的速度迅速将外层的气体和尘埃吹向太空，大约是每小时25,000英里！留下的是一个由气体和尘埃组成的星云，以及位于中心的一颗曾经是恒星核心的小热星，称为白矮星。那颗白矮星温度非常高，辐射出紫外线电离周围气体，所以行星状星云会发光。行星状星云的寿命很短——不到5万年——因此，在今天专业望远镜的观测范围内，已知的行星状星云只有大约1500个。

事实证明，只有非常特殊的恒星才能形成行星状星云，被称为渐近巨星支星（asymptotic giant branch stars）。它们会经历一个阶段，在这个阶段中，由于质量非常大，它们会吹出很强的恒星风。来自行星状星云的恒星风每年损失的质量是太阳质量的十万分之一，也就是大约每秒600万亿吨！每年来自太阳的恒星风只有太阳质量的一百万亿分之一。

然而，这些风是呈球对称的。每位看过哈勃太空望远镜拍摄的惊艳照片的人都知道，行星状星云的形状千变万化。即使是用一个普通的望远镜观测一个晚上，你也会看到一个戒指、一个哑铃、一只猫眼和一个假土星的形状。所有这些形状不可能来自一个简单的向星际介质膨胀的尘埃和气体球。

20 世纪 70 年代末，郭新、克里斯·珀顿和皮姆·菲茨杰拉德三位天文学家提出了一个关于这无数形状是如何形成的理论，被称为"相互作用风理论"。他们的理论认为，在行星形成之初，这颗渐近巨星支星以大约每秒 15 千米的速度吹出"缓慢"的恒星风，这种情况持续数百年。然后，一股"快速"的恒星风开始吹起来，超过了慢风中的粒子。这里的"快速"指的是每秒3000 千米的速度，使这些粒子成为宇宙中运动速度最快的物理现象：大约是光速的 1/100。当快速的风追上缓慢的风时，尘埃和气体相互作用，产生了我们在行星状星云中看到的惊人的多种形状。在许多行星的图像中可以看到该理论的最佳证据：它们有一个明亮的内部区域和一个暗淡的外壳。

研究行星状星云时还有一个更复杂的层次。越来越多的证据表明，许多行星状星云的中心都有一对双星。行星状星云在形态和结构上的巨大差异证实了这一点。当两颗恒星围绕它们的质心旋转时，其中一颗会像花园洒水器一样喷出气体和尘埃。超级计算机的数学模型模拟表明，在这些星云中看到的形状可以通过计算机程序模拟复现。行星状星云中许多十分迷人的形状都涉及两颗恒星相互绕转，在此过程中将复杂星云的种子播撒到宇宙中。

6.4 暗星云

　　暗星云是由尘埃和一些气体组成的云团，因为所处位置的角度不对使得它们不能成为反射星云。它们阻挡了来自背后更遥远恒星的光，因此被视为"恒星巨洞"。有些暗星云非常擅长阻挡星光，以至于它们完全隐藏了背后所有的恒星。一般来说，光被吸收是因为暗云层中含有碳元素，就像铅笔芯中的石墨一样。此外，这些星云是冷的，因为如果是热的，它们就会发光，成为发射星云。这些暗碳云非常冷，温度在零下200摄氏度左右。温度非常低！显然，这些暗星云在银河系中很容易被看到，周围很多闪亮的恒星与漆黑一团的暗星云形成明显对比。

　　下次当你有幸在真正暗夜的星空下，我希望银河在地平线之上。此时你会注意到银河不是一个简单、光滑的形状。在其走向上，有明亮的地方，也有黑暗的区域。大部分的亮点是星团，而黑暗的区域是被称为暗星云的碳云，其中最大和最著名的区域之一始于天鹅座，然后蔓延穿过天鹰座一直到盾牌座，这就是它被称为大裂谷（Great Rift）的原因。

6.5 超新星遗迹

自宇宙大爆炸以来，最壮观、最剧烈的事件之一是超新星爆炸。质量比太阳大得多的恒星不会平静地走到生命的尽头。在它们的一生中，这些巨大的恒星在自身内部形成各种元素层，就像洋葱的鳞茎一样。氢被融合成氦，氦被融合成锂，然后是氧和氮，它们再向上融合成元素周期表中更重的元素。

铁元素一旦形成，聚变过程就会发生重大变化。来自核聚变过程的外向能量和来自这颗大质量恒星引力的内向引力之间的平衡就会被打破。要融合比铁重的元素需要在核心输入巨大的能量，而让这种情况发生的唯一方式就是恒星坍缩，此过程发生的时间仅有 1 秒！如果你了解 10 倍太阳质量的恒星有多大，那你就知道这有多震撼了。在这 1 秒内，外层物质落在内核上，内核在大规模爆缩下被压缩。但是核心的压缩程度有限，最终恒星物质会反弹并把自己炸成碎片。

爆炸中心的巨大压力使得恒星内核变成了中子星。这种压力足以压缩构成恒星物质的电子和质子。此时负电子和正质子被压缩并结合在一起，电荷被中和，形成几十亿个中子。这颗中子星的质量接近我们的太阳，但它的大小却和现代城市差不多！如果把现代郊区的房子压缩成中子星材料，它会小到需要高倍率显微镜才能看到。最著名的中子星位于金牛座蟹状星云（M 1）的中心。

这种类型的超新星（单个大质量恒星爆炸）被称为 II 型超新星。I 型超新星是一对近距离绕转的双星爆炸产生的结果。一颗是正常恒星，但是该恒星的外层物质被伴星引力剥离。这颗伴星是一颗非常致密的白矮星，它正在吸积（引力吸引）来自伴星恒星的内落物质。这种情况不会永远持续下去，最终白矮星会因为内落物质导致星体质量增加到临界值而爆炸，将 2 颗星都炸成碎片。

这些恒星的外层物质被吹进了太空。据估计，大多数超新星遗迹包含的尘埃和气体质量相当于太阳的质量。即将爆炸的热恒星有足够的能量电离外层物质，并使这些物质加速远离爆发中心。超新星遗迹就这样诞生了。它们中的许多看起来就像它们的本来面目：从爆炸的恒星中喷射出来的物质。

这就是以前恒星内部各层的重元素循环到星际介质中的过程，它们最终形成我们的地球，人类也就此诞生。

6.6 光的波长

光具有波粒二象性，这是现代物理学中最奇特的发现之一。根据你设计的实验，光既可以表现出波动性，又可以表现出粒子性。

彩虹的颜色以一种独特的方式展现出光的波动性。云中的雨滴折射并反射雨滴内部的光线，通过这个过程彩虹就形成了。水晶棱镜也能产生同样的效果。如果你穿了一条蓝色牛仔裤，纤维中的染料会吸收除蓝色以外的所有颜色，并反射出你看到的蓝光。

地球上的光也可以表现出粒子特性。每一个光敏电子电路的工作原理是光的光子把电子撞出轨道，并在电路中产生电流。根据此原理，黄昏时的路灯能自动点亮是因为电路中含有控制灯光的光电探测器。此外，每台数码相机都会接收光子生成图像，并存储在内存中。

在本章中，我们只讨论光的波动性。光的波长是指从一个波峰到下一个波峰的距离。这将是我们观测到的恒星和星云发出的光的最重要特征。蓝光的波长比红光短。以声波为例，鼓或风琴上的低音音符与萨克斯或长笛上的高音音符有着非常不同的特征。即使戴上眼罩，我们也能分辨出是什么乐器发出的声音。

光的波长用纳米来描述，1 纳米是 1/10 亿米。适应黑暗的人眼可以看到 400 到 620 纳米的光。你眼睛看到最蓝端的光在约 400 纳米处，而最红端约在 620 纳米处，你看到的只是光谱中红色的起始部分。在明亮的日光下，你能看到的红端波长延伸到约 750 纳米。

天文学家非常擅长通过遥远天体发出的光来获得关于恒星和星云的信息。毕竟，这是他们从 1000 光年外的星云获得信息的唯一方式。

　　他们能确定的其中一个信息是温度。在火焰中加热一块钢，它先是发出红色的光，然后是橙色、黄色，最后随着温度的升高而发出蓝白色的光。恒星也是如此。红色和橙色的恒星温度较低，如参宿四和心宿二比太阳冷，而我们黄色的太阳位于恒星温度范围的中间区域。织女星和天津四是炽热的蓝色恒星。通过判断恒星的颜色，并将其与地球上的实验室结果比对，科学家就能说出恒星的确切温度。

6.7 光 谱

　　当人们意识到恒星或星云的光谱能够提供关于该天体的大量信息时，天文学才真正开始有了坚实的实验基础。这始于制造玻璃的技术足以提供纯水晶棱镜。基尔霍夫和本森的实验表明，根据所测试化学物质的状态，有 3 种类型的光谱。

　　第一种光谱是连续光谱。这是一个完整的彩虹，所有颜色之间没有间隔。许多材料加热到白炽时会发出连续光谱。通过这种辐射的峰值可以确定材料的温度。

　　第二种光谱是发射光谱。一种低压但高温的气体会发光，原子核周围轨道上的电子会释放能量光子。一个最重要的发现是，辐射光以特定的波长发出。观测者可以从辐射光的颜色或波长得知气体的化学组成。这种类型的光谱被认为是窄而明亮的线，它根据辐射气体的化学性质给出特定颜色的光，发光的星云和荧光灯都是很好的例子。如果你以正确的角度举起棱镜，你就能看到灯管发出的氖发射线。

　　第三种光谱是吸收光谱。你很快就可以看到，阳光中的彩虹在太阳彩虹光谱中包含暗线。原子结构再次解释了这个谜题。原子轨道上的电子也能从周围的环境中吸收能量。然而，这只能在特定的波长下发生。当电子吸收能量移动到更高的轨道时，它只能移动特定的"步长"，不存在"半步"的情况。原子从连续光谱中特定的波长吸收能量，这些光谱因此显示为横跨彩虹色的暗线。

　　多普勒效应提供了关于恒星或星云运动的信息。光的波长随着物体靠近或远离观测者而改变。远离地球的星云的光谱会被拉长，并且颜色向红端移动；而朝向观测者移动的天体的光谱向蓝端移动。

因此，光谱中这些谱线的亮度、位置、强度甚至倾斜度可以提供大量关于该星云的化学成分、密度、运动速率和自旋速率的信息。天文学家推动建造越来越大的望远镜的主要原因之一，就是为了能够捕捉更暗的天体并获得它们的光谱。正因如此，我们才能了解到如此丰富的宇宙知识。

6.8 滤光片及其用途

所有的滤光片（又称"滤镜"）都能让光谱中特定波段范围内的光通过，阻止特定波段范围外的光。这也说明上文给出的信息不仅仅是有趣的。星云观测者希望从视场中移除几种光源：大气辉光是来自地球大气层的微弱辉光，人造城市灯光会显著降低背景天空和所观测星云之间的对比度，黄道光和星光通常也是我们不希望看到的。所以，有一个诀窍就是让星云发出的光通过滤光片，并去除其他光源发出的光。

现代的"星云滤光片"是一块精心制作的玻璃，它的上面有一层薄膜，该薄膜可以非常精细地控制滤光片的光学特性。现在的镀膜技术可以制作出针对你想要观测天体类型的滤光片。这

图 6.1　使用星云滤光片时，一般将其通过螺纹固定到目镜底部，然后将整个部件插入望远镜焦管内。

些滤光片一般分为 3 种类型。允许通过滤光片的可见光谱区域称为"通带"。不同的通带使每个滤光片对不同的星云观测更有用。

宽带滤光片因允许通过的光最多而得名。它们阻挡了钠蒸气和汞蒸气路灯发出的几种波长的光。当你的观测地点存在光污染时，它们将起到非常重要的作用。我在后院观测时，猎户座天空辉光滤光片（Orion Skyglow filter）表现得非常好，它增加了我能看到的猎户座星云的区域范围，对礁湖星云和三叶星云同样有效。最好的例子是 Lumicon 深空滤光片（Lumicon Deep Sky filter）和猎户座天空辉光滤光片。然而，如果我开车到中度黑暗的天空下，它们就没那么有用了。最佳的观测总是由"汽油滤光片"（gasoline filter）提供的（这个玩笑在澳大利亚被称为"petrol filter"）。你离城市越远，视野中的景色就越好。

窄带滤光片被设计成只能通过几个明亮的发射线，它能更有效地阻止来自路灯的辐射。其中最著名的是 Lumicon 超高对比度滤光片（Lumicon Ultra High Contrast，简称 UHC），功能类似的是米德窄带滤光片（Meade Narrowband filter）。通过这些滤光片的星云主要有三种发射波长：氢 β（H β）位于 486 纳米处，氧 III（氧 III，念作氧三）位于 496 纳米和 501 纳米处，氢 α（H α）位于 656 纳米处。我发现这些滤光片对大多数星云都很有用，它们能很好地将天空背景变暗，让星云发出的光占据望远镜的视野。当你阅读构成本书主体的观测结果时，你会发现在许多地方，我使用 UHC 滤光片获得了最佳的天体图像。

线滤光片是第三种滤光片，它们只能通过星云辐射中最窄的一部分光，集中在一到两条发射线上。其中最有名、最有用的就是氧 III 滤光片。当一个氧原子拥有全部 16 个电子时，它就是氧 I。

如果高能紫外线照射到氧原子上，它会把外层原子的两个电子撞开，使氧原子电离，此时氧离子被命名为氧 III。当两个电子复合时，原子会发出波长为 496 纳米和 501 纳米的窄带辐射，这位于你的眼睛看到的绿色波长范围内。另一个对某些星云有用的线滤光片是氢 β 滤光片。它只能通过 486 纳米的辐射线，在你眼睛看到的蓝绿色或浅绿色波长范围内。星云的温度和密度必须在特定的值，才能允许这个波段成为星云的主要辐射波段。这些气体云有些罕见，但在这片区域内，在发光星云前，有一个非常著名的天体，即暗星云。正因为如此，这些滤光片通常被称为"马头滤光片"（Horsehead filters）。在黑暗的夜空下，如果你有一个大望远镜，猎户座中著名的马头轮廓用这个滤光片可以清晰地呈现出来。

因此，当观测者在三种类型的滤光片之间切换时，就需要做出三选一的选择。使用宽带滤光片可以去除一些来自街灯的烦人的光，让其余大部分星云的光进入观测者的眼睛。在轻微的光污染下，它的作用最大，适用于观测星系、星团以及星云。插入一个窄带滤光片将允许星云辐射的几个波段的光通过。一般来说，氢 α 线、氢 β 线和氧 III 线都会通过滤光片。这意味着窄带滤光片将为许多发射星云和行星状星云提供更强的对比度。线滤光片只能通过一种类型的辐射，通常是上面提到的其中一种。线滤光片是最严格的，但它可以给出在那个波长辐射的星云的强对比图像。

使用这些滤光片的优点是能让背景天空足够黑，但缺点是它们只允许非常少量的光通过，因此观测目标必须非常明亮，或者望远镜必须有更大的光圈来显示细节。

需要注意的是，深空滤光片（DeepSky）和 UHC 滤光片的通带比氧 III 和氢 β 滤光片宽。此外，大气辉光、钠（Na）和汞（Hg）路灯的辐射都在这些滤光片通带之外，因此这些多余的光被过滤掉了。

/ 第七章 /

观测简介

到目前为止，我们已经讨论了星云观测的基本知识。在这一章之后，本书的其余部分将详细讨论星云以及在观测过程中可以看到的细节。需留意，本书并非旨在描述天空中所有星云的完整信息。我的编辑给相关章节分配的页数不允许我这样做。再说，我也不想写这样的书。

针对上文谈到的不同种类的星云，我将尝试提供具体例子，向你介绍我自己和我的一些朋友对这些天体的观测成果。

我希望你能够阅读观测深空多年的资深天文学家的观测结果，这将有助于你了解如何记录你在目镜中观测到的结果。这就像学习一门新语言，日复一日，我们就不会说目标是"不规则的圆形"或"中间有点亮"这样的话。

本书有很多对行星状星云的观测，且远远多于其他类型的星云。除了我喜欢以外，行星状星云无疑是星云中数目最多的一种。但是请不要担心，我喜欢追逐所有类型的明暗星云，我已尽我所能在我的观测中提供除行星状星云之外的星云图片。

我的建议是要利用本书第一部分提供的信息、技巧和技术，去观测附录中的一些星云。附录中列出了整片天空中各种各样的星云。如果你决定追逐更多更暗的深空天体，那么互联网可以提供大量的观测目标。

最近一次澳大利亚之行让我看到了一些南半球的星云。这个附录列表并不完整，但如果你是一个想要前往南半球的北方人，本表会告诉你该看什么，这是一个很好的开始。我保证，它值一张机票的钱，至少我的妻子和收税员是这么认为的。

第八章

北半球秋季（南半球春季）星云

在亚利桑那州，秋季是一个外出观测的好季节。炎炎夏日已过去，夜晚变得很舒适，天空中有很多目标可以观测。日落之后，夏季大餐开始了，如果你熬夜的话，可以在下半夜看到仙后座和英仙座。

8.1 ┃ 仙女座星云

NGC 7662 PLNNB AND 23 25.9 +42 32 [①]

E. E. 巴纳德发现这个行星状星云的核心似乎在亮度上变化很大。在 1897 年到 1908 年间近 80 天里，他在笔记中记录下中心恒星的星等分布在 12 到 16 之间。然而，这些变化的真实性受到了现代观测者的质疑。C. R. 奥德尔指出，一颗被大量星云包围的恒星的视亮度与视宁度密切相关。"随着视宁度的变化，对该恒星的分辨能力也会变化，因为星云恰好在视线方向上，而附近的参考恒星不会受到这样的影响。"

使用 6 英寸 f/6 望远镜，利用名为 HP 48 的计算软件搭配一

---

① 此为所描述星云的具体信息：NGC 7662 为星云编号；PLNNB 为星云类型；AND 表示星云所在星座，即仙女座；23 25.9 +42 32 为此片星云的天球坐标。此后的星云信息可依此类推。详细信息可见附录中表格。——译者注

个简单的寻星系统就能找到目标。天空的视宁度和透明度评分都为 5 分（满分 10 分）。即使使用 22 毫米全景目镜的低倍率目镜，这个目标在视场中也能被识别为一个行星状星云。使用 8.8 毫米目镜提高放大倍率，可以看到它非常明亮，非常大，颜色是浅绿色。只有 10% 的时间可以看到中央的恒星。

在远离城市灯光的极佳暗夜，使用 13 英寸 f/5.6 望远镜，观测时透明度分数为 8/10，视宁度分数为 7/10。放大倍率为 100 倍时，该星云是一个可爱的圆盘；放大倍率为 150 倍时，它非常明亮，相当大且圆；放大倍率为 330 倍时，我们可以看到非常棒的景象！内部细节呈湍流漩涡，中心恒星若隐若现，大约 30% 的时间可以看到这是一颗点状恒星。更高的倍率下可以看到星云边缘的细节，它的东北侧更明亮，但蓝色在高倍率下不那么明显。

8.2 ╏ 水瓶座星云

NGC 7009 PLNNB AQR 21 04.2 −11 22

包括哈勃太空望远镜在内的现代大型望远镜都能细致展现这颗行星状星云中惊人的细节。不幸的是，大型业余望远镜无法观测到这些细节，但这并不意味着这个迷人的目标不值得观测，恰恰相反。从 3000 光年远的地方，我们可以看到很多东西。

土星状星云一直让我着迷，从我的笔记可以看出我经常观测它。即使是用我后院的 7 英寸马克苏托夫望远镜也很容易看到它。地点就在凤凰城北部，那里有很多光污染。在马克苏托夫望远镜上用 10 毫米目镜观察，这个星云展现出一个表面亮度较高的圆盘，长宽比为 1.5∶1。透过余光可以观察到其周围暗弱的光，对比之下它会显得大一些。

在远离城市灯光的地方观测真的会让这颗明亮的行星变得更有生机。使用皮埃尔·施瓦尔优秀的 20 英寸 f/5 牛顿望远镜观测效果显著。12 毫米的目镜视野里，这个椭圆形状很明显，星云四周环绕着一束光。这个模糊的外部云状物用眼角余光法看得更清楚。在这个望远镜的口径加持下，中心的恒星很容易被发现。被称为环脊的延展也很容易被直接看到，并且用眼角余光法观测时环脊会变长。这个星云的延展就是它被称为土星状星云的根本原因。土星状星云会自己发光，最引人注目的是它的颜色呈带有荧光的浅绿色。

图 8.1 这是皮埃尔·施瓦尔与他的 20 英寸 f/5 牛顿望远镜合照，望远镜安装在巨型脚架上。

图 8.2 我没有拍到他的正脸，他正在利用目镜投影在日志里画太阳黑子的图像。

NGC 7293 PLNNB AQR 22 29.6 −20 50

螺旋星云是离地球最近的行星状星云，大约 500 光年远。因此，该星云的大小超过 1 光年，比太阳系的外围还要大。而且，这段距离使得中心恒星的星等达到 13.5 等，大约是太阳亮度的 1/12。这些行星状星云中的白矮星温度非常高（75,000 摄氏度以上），可以发出紫外线照亮周围的星云，但它们只是一颗相当普通的恒星的小核心。螺旋星云是一个很大的目标，但它是一个表面亮度较低的星云，所以你需要一个大视场望远镜才能看到它的全貌。

使用我曾拥有的最好的 RFT I（一台 6 英寸 f/6 马克苏托夫 – 牛顿望远镜）进行观测，螺旋星云是一个非常棒的目标。在一个晴朗的暗夜，使用 14 毫米目镜和 UHC 滤光片，很容易看到这个目标。这颗大行星状星云整体明亮、巨大、呈圆环形。余光观察有助于看到它的暗弱细节。这个目标确实适合用 UHC 滤光片观测。在这个倍率下，星云约占视野的 1/3。它的东边比较明亮，中间部分比边缘暗一些，但仍留有少许的星云。

使用新的星特朗 Nexstar 11 和 35 毫米全景目镜观看螺旋星云体验非常棒。星云明亮，非常大，呈环状。UHC 滤光片确实提高了这个物体的对比度，它著名的"甜甜圈"形状清晰可见。欣赏这个目标需要使用低倍率和高对比度的 35 毫米全景目镜。

在一个完美的夜晚，使用 13 英寸 60 倍率的望远镜观测，会发现这个星云明亮、大而圆。有 5 颗星位于星云内，南面边缘还有一对漂亮的双星。中心区域比星云环暗。明亮的螺旋星云周围没有"光环"。倍率提高到 100 倍时可以看到 7 颗星，加上 UHC 滤光片使其与中间暗得多的颜色形成鲜明对比。滤光片将星星的数量减少到 5 颗，但可以得到一个非常棒的图像。似乎 150 倍的放大率可以得到最好的图像，该星云约占视野的 60%。可以看到 11 颗恒星位于其中，有几颗非常暗淡。星云的北面是最亮的。在此倍率下添加 UHC 可以看到一个非常暗的中空，但仍留有些微的星云。

8.3 仙后座星云

NGC 281 CL+NB CAS 00 52.8 +56 37

这个发射星云大约 7000 光年远，中间的聚星是 Burnham 1。这颗 O6 恒星非常热，它的辐射可以电离气体，所以它能发光。布赖恩·斯基夫说中间的恒星群是典型的星云内星团，因为它可能只有几百万年的历史——与整个宇宙相比，还算年轻。

在 4 英寸（100 毫米）口径望远镜和 14 毫米的目镜中，在没有滤光片的视野下，这个星云看起来只是一个暗淡发光的云团，有 6 颗星位于其中。UHC 滤光片的加入使星云的对比度有了很大的变化。使用滤光片后只能看到 3 颗恒星位于其中，但星云现在呈现出我们熟悉的"吃豆人"形状。它仍然是一个小范围的表面亮度较低的星云，但滤光片的使用让一切变得不同。

使用 Nexstar 11 和 27 毫米全景目镜可以轻松看到这个包含 11 颗恒星的星云，包括靠近中间的三合星。"吃豆人"形状非常明亮，非常大，呈不规则状，中间稍微亮一些。加入 2 英寸的 UHC 滤光片让这个星云看起来更加鲜明。它的形状很容易辨认，嘴仿佛是一个黑色的海湾。

NGC 896 BRTNB CAS 02 25.5 +62 01

这个目标是一个表面亮度较低的星云，位于仙后座一个巨大的星云复合体的西北边缘。复合体包括 NGC 896、IC 1795 和

IC 1805。

使用 4 英寸（100 毫米）f/6 折射望远镜的夜晚，视宁度为 5/10，透明度为 6/10。这个云团在小口径望远镜里很难看到。用 27 毫米全景目镜观测，它的亮度非常低，体积非常小，有些细长。如果没有滤光片，用余光只能勉强看到它。使用 UHC 滤光片和 22 毫米全景目镜能看到最好的景象，但它仍然是一个小且表面亮度低的星云，内部包含一颗 11 等恒星。对于这个目标，8.8 毫米超广角（UWA）目镜的放大倍数太高了，视野中它几乎消失了。

在一个普通的夜晚（视宁度 = 5、透明度 = 6），使用 6 英寸的马克苏托夫 – 牛顿望远镜配备 22 毫米目镜，它看起来很暗淡，非常小，呈现出不规则的形状。这个星云并不大，只是围绕着一颗非常明亮的恒星的发光云团。

使用 13 英寸 f/5.6 望远镜，在 100 倍放大率下，增加 UHC 滤光片，它呈现出一个奇怪的足形。我发现很难确定 IC 1795 的边缘在哪，NGC 896 又从哪里开始。这片广域的天区里充满了暗淡的恒星。

NGC 7635 BRTNB CAS 23 20.7 +61 11

在 4 英寸和 14 毫米的目镜中，"气泡星云"是一个非常模糊的圆形星云，包围着 2 颗恒星。用眼角余光法观测的效果更好，但仍然很困难。有了 UHC 滤光片星云更容易被看到，现在 2 颗恒星周围都有大约 1 角分大小的辉光。

使用 Nexstar 11 和 27 毫米全景目镜可以看到 2 颗模糊的恒星，其周围的星云非常暗淡，非常小，非常圆。加上 2 英寸的 UHC

滤光片使得星云变大了 3 倍，其中较暗的 2 颗恒星外有一个圆环状星云，恒星位于边缘。这个星云看起来像"气泡"。

IC 1747 PLNNB CAS 01 57.6 +63 19

这个小的行星状星云被我列入观测列表内，这样你就可以练习观测小行星状星云。如果你从未观测过小行星状星云，那么 IC 1747 是个不错的选择，它的亮度足以在普通口径的望远镜中被看到。如果你用"牵星法"，你将需要一个好的星图。如果你使用的是 GOTO 系统，那么，让它指向其他一些知名的天体，以确保系统能准确地找到深空天体。然后把瞄准镜对准星云的区域，确定你在正确的位置，带上一个能提供 100 到 150 倍分辨率的目镜，你就会看到视野中有一颗"恒星"比其他的要大，这就是那颗行星状星云。

在一个不错的观测点使用 A. J. 克雷恩的 8 英寸望远镜，我给夜晚的视宁度和透明度评分都为 6/10。在 115 倍放大率下可以看到这个小星云，在 200 倍放大率下可以看到一点延展结构。

在同为 6/10 分的晚上使用星特朗 Nexstar 11，这颗行星状星云在 125 倍放大率的广角目镜里呈现出一个小的非恒星盘。320 倍放大率加上 8.8 毫米的超广角目镜让它变得非常小巧且明亮。它展现出一个有点细长的（长宽比为 1.2：1）圆盘，中间稍微暗一点。大望远镜中它呈现出非常浅的灰绿色。

IC 1848 BRTNB CAS 02 51.4 +60 25

这是一个巨大的发射星云，位于 IC 1805 附近。在这个天区也有几个疏散星团，是天空中的星场密集区。

使用 4 英寸 f/6 RFT 折射望远镜与 35 毫米全景目镜可以获得 3 度的视野。有一对宽而亮的双星位于星云的西部边缘，在没有滤光片的 35 毫米全景目镜里形状模糊。大部分星云都很暗淡，表面亮度也很低，但在天气好的时候就能看到。在广角视场中，中央 50% 的辉光有些斑驳。22 毫米全景目镜提高了放大率，我们很容易看到星云。南部边缘稍微明亮一些，UHC 滤光片增强了这一点。有两个星团位于其中：NGC 1848 在星云的一个亮点处，能看到 4 颗恒星；而 Collinder 34 是一个大星团，能够在其中分辨出 8 颗恒星。

8.4 鲸鱼座星云

NGC 246 PLNNB CET 00 47.1 −11 52

这个目标可以让你见识到表面亮度较低的深空天体的样子。许多行星状星云是明亮的小点，但这个不是。NGC 246 发出的光会扩散到很大的区域，因此用小型望远镜或在透明度较差的夜晚都很难看到。NGC 246 距离地球约 1500 光年。

这是我花费时间对星云滤光片进行了相当广泛的测试的目标之一。也是我之前提到的参加天文俱乐部的原因之一——你有机会通过别人的望远镜观测，然后你可以问他们可能会使用什么目镜和滤光片。这提供了一个机会，能让你通过不同设备观测目标，而不需要购买任何配件。

通过 6 英寸 f/6 马克苏托夫 – 牛顿望远镜和 22 毫米全景目镜，NGC 246 看起来只是一个模糊的点。用 8.8 毫米目镜将倍率提高，可以看到星云中有 2 颗恒星。它非常暗淡，对于一颗行星状星云来说相当大，而且其北侧最亮。当天的夜空观测条件很好，我给出视宁度 = 6、透明度 = 8 的分数。

在一个没有多少人参加的观星之夜（只有 Nexstar 11 和我），这是一个明显有恒星包含其中的星云。倍率在 125 倍的时候，它非常亮，非常大，但中心相对暗淡。这个星云包含 4 颗恒星，其中 3 颗星等为 10 或 11 等，最暗的一颗是 13 等。这个有趣的星云直接观察时呈椭圆形（长宽比为 1.5∶1），但用余光去看的话，它几乎呈圆形。对于行星状星云来说，它的表面亮度很低。使用深空滤光片后会使背景变暗，但它确实消除了一些云雾，星云中最暗的恒星也更难找到。安装氧 III 滤光片真的会使视野变暗，视野中大部分的恒星都消失了。这个星云比没有滤光片的星云要小得多，但对比度要高得多。添加 UHC 滤光片也确实会使视野变暗，虽然不像氧 III 那么深，但效果也很明显。在使用 UHC 滤光片后，我只能在 10% 的时间里看到那颗 13 等星，但星云更加明显，并显示出一些细节。圆盘的"右侧"要比没有滤光片时亮得多，而中间要暗得多。就我个人而言，我最喜欢使用深空滤光片后的效果。倍率调整到 200 倍也会使视场变暗，部分星云消失。我现在可以随时看到那颗 13 等星。星云看起来像一个甜甜圈，边缘明亮而中心较暗，用眼角余光法可以看到星云的光芒填充了"甜甜圈"。我多年的观测伙伴乔治·德朗格说，这个星云"让我想起了一个透明的上面洒满了星星的气球"。

8.5 波江座星云

NGC 1535 PLNNB ERI 04 14.2 −12 44

用 6 英寸 f/6 马克苏托夫 – 牛顿望远镜和 22 毫米全景目镜观测，这颗行星状星云非常暗淡，很小，但中间很亮。用 6.7 毫米的目镜放大，可以看到它非常暗淡，非常小，有一个近似恒星的核。当视线移开时，它的体积会翻倍。我们看不到它的颜色，它是一个带有白色恒星核的灰色圆盘。

使用 Nexstar 11 和 22 毫米全景目镜，NGC 1535 看起来明亮、大而圆，中心有一颗恒星，即使在这种低倍率下也很容易看到。星云呈可爱的浅蓝色，我觉得很迷人。用 14 毫米目镜提高倍率，中心恒星清晰可见。圆盘内部有一些细节：一组弯曲的明亮线条，创造了"CBS 眼"[①]的效果。它的颜色在更高的倍率下不太明显，但它仍然是一个非常棒的行星状星云。

使用皮埃尔的大 20 英寸 280 倍率镜可以观测到极好的内部细节；"CBS 眼"效果更易见，可观测到中心的恒星现在非常明显。总的来说，它呈现出一个美丽的蓝绿色圆盘，盘上的环亮度存在差异。

---

① CBS 眼是一家美国商业无线电视网的标志。——编者注

IC 2118 BRTNB ERI 05 04.5 −07 16

女巫头星云是一个反射星云且非常难观测到！只有身处一个非常黑暗的夜晚才能看到这个大且表面亮度低的天体。这条昏暗的饰带由参宿七照亮的反射星云组成。据估计，它距离地球有1000光年远。当你把望远镜或双筒望远镜对准了正确的位置后，试着休息几分钟，然后再努力看这个星云。我保证休息一下会对你有所帮助。

在一个我评分 8/10 的夜晚，用 10×50 双筒望远镜观察，女巫头星云非常暗淡，大且细长。就在那天晚上，我用 6 英寸 f/6 望远镜观测了这个难以观测的星云。在这台大口径望远镜的加持下，观测这个目标相对容易。我安装了几个滤光片，深空滤光片似乎能提供最好的景象。它能够让视场中的背景变暗，但仍有足够的星云光线通过滤光片。

8.6 ┃ 天鹤座星云

IC 5148 PLNNB GRU 21 59.6 −39 23

从亚利桑那州观看天鹤座的时间有限。在秋天和初冬，它只有几个月的时间远远高于南方的地平线。我没有机会在春天和夏天去澳大利亚旅行，那时"天鹤"正好高悬于头顶。也许我可以用这本书的版税收入带我的妻子去那儿度假。

这个行星状星云内的气体移动速度比大多数星云都快，为每秒 53 千米。这种膨胀最终会将星云中的气体和尘埃驱散到星际空间中。该天体距离我们大约 2900 光年。

在 150 倍率的 13 英寸望远镜里，这颗行星状星云非常暗淡，非常大，呈椭圆形（长宽比为 1.2∶1）。这个星云是环状的——可以用余光看到中心的黑色空洞。插入 UHC 滤光片会让图像变化很大：这个洞更明显，它变成了一个漂亮的行星状星云。如果你是在赤道以北的地方进行观测，那就趁你还来得及的时候去看看。

8.7 ▎飞马座星云

Jones 1 PLNNB PEG 23 35.9 +30 28

琼斯 1 号是在 1940 年左右于哈佛大学拍摄的一张摄影板上被发现的，发现者是丽贝卡·琼斯。该天体最近受到了天文爱好者的广泛关注。这个行星状星云很难观测，因为它的表面亮度很低，即使是在晴朗的夜晚。根据 SAC 数据库记载，它的整体星等是 12.7，但哈罗德·科温博士的计算表明，它的表面亮度为 16.6 星等每平方弧分，是一个模糊的天体。

在 10 英寸 f/5 RFT 视场里，几乎看不到琼斯 1 号。在一个透明度为 8/10 分的夜晚，我只能勉强用 14 毫米超广角目镜观测到这个目标，而且没用滤光片。加入 UHC 滤光片后会有很大改善，星云的对比度增加了很多，我可以把这个天体展示给其他几个观测者。在我拥有氧 III 滤光片之前，肯·里夫斯好心地把他的氧 III 滤光片借给了我，这使观测这个目标变得更容易，使用它还降低了背景天空亮度。

我第一次观测到这颗暗淡的行星状星云使用的是 13 英寸望远镜，在一个可以说好但并不是特别好的夜晚，当晚的评分是 6/10。使用 100 倍率时，我看到这个目标的唯一办法就是安装 UHC 滤光片。它非常暗淡，非常大，形状不规则。琼斯 1 号呈现出"1/4 个月亮"或"C"的形状，可随着视线转移而变得明显。

8.8 英仙座星云

M 76 PLNNB PER 01 42.3 +51 35

这是整个梅西耶天体中最暗的行星状星云。然而，与梅西耶星系相比，它非常小，表面亮度很高，因此很容易从英仙座星系中找到。一个小星云会把它的亮度压缩到一个更小的区域，表面亮度就会上升。该星云的距离很难推算，但对 M 76 来说，1700光年是一个很好的估计。

许多年前，我意识到，对于天空中许多著名的天体，我只有一组简短的笔记，总的来说,这些笔记加起来就是一句"哇"。因此，作为一个长期的项目，我在观测明亮而著名的深空天体时，开始在笔记本上详细记录我所见到的景象，我将会为你呈现在一个不错的夜晚我用 13 英寸望远镜观测这个目标的记录。虽然我用各种望远镜观测过这个天体，但我不想描述太多的细节使你产生困扰。我认为，如果你有一个薄薄的笔记本，那么也许你需要重新观测你的旧爱，写下所看到的细节。大多数著名的深空天体都是这样的，因为它们能在完美的夜晚展现出很多细节。

在距离凤凰城约 60 英里的观测点，这颗小星云只能在至少 11×80 的导星镜中看到，余光观察会更容易看到它。在 13 英寸 100 倍率口径的 22 毫米全景目镜中，它非常明亮，非常大，呈矩形且长宽比为 2∶1，方位角为 30 度（北为 0 度，东为 90 度）。在星云的中间有一条狭长的暗带，在东边大约 15 角分的地方有一颗漂亮的 9 等黄色恒星。在低倍率目镜下，这颗浅绿色的星云飘浮在广域视场中。倍率达到 220 倍时，你就知道为什么这个天体有两个 NGC 编号了。直视和余光观察的视野景象明显不同。通过直接注视，观测者可以看到由一条暗带分开的两个不同区域，星云向南的暗淡延展破坏了其完美的矩形形状。在星云的东北部和西南部有明亮的区域。这些小亮点都不是恒星。照亮星云的"真正"中心天体是 15 等星，这大约是 13 英寸望远镜所能看到的极限星等。

使用余光观察，"小哑铃"几乎变成两倍大，伴有一个暗淡的外部部分，特别是东北偏东方向。直视永远看不到这个"外部回环"。现在这个星云的颜色更多呈现的是灰色而不是绿色。比起使用 220 倍率的目镜，使用 UHC 和 330 倍率的目镜可以更好地观测到暗淡的外环。倍率提升到 440 倍时，在南边缘有一颗暗淡的恒星，而在北边缘有一个亮点，大约 20% 的时间里能看到这个恒星。所有这些对我来说都更有趣了，因为我记得关于它形状的最好的说法是，我们看到的是一个很厚的环，或者说我们看到的是环的侧面。

NGC 1491 BRTNB PER 04 03.3 +51 18

这个星云出现在这里是为了向你展示观测天空的能力是如何随着经验的增加而提升的。当我第一次观测到这个星云时，我说它"非常暗淡"，并说"几乎没有注意到它"。这个观测是用我那台旧的 17.5 英寸（450 毫米）道布森望远镜观测的，当时我已经有 5 年左右的观测经验了。看看 10 年或 12 年后会发生什么，那时我的观测能力要好得多。

在一个普通观测点，13 英寸配备 100 倍率目镜的视野里，

图 8.3 五英里银河是我在亚利桑那州快乐杰克小镇附近的仙人掌天文俱乐部拍摄的。使用 24 毫米镜头，在富士 800 胶片上曝光 12 分钟。

图 8.4 这张蛇夫座 Rho 附近天区的照片是用 8 英寸施密特望远镜拍摄的。心宿二和球状星团 M 4 位于画面底部。

图 8.5　这是一张使用 8 英寸的施密特望远镜拍摄的 NGC 6357 天区照片，位于天蝎座"毒刺"附近。NGC 6334 是照片底部的星云。

星云非常明亮，非常小，中间相对更明亮一些。在东侧有一颗 10 等的恒星，另外还有 4 颗 13 等的恒星。余光观察可以让你看到的星云范围增大一倍。将放大率提升到 220 倍，你会多看到 2 颗恒星，总共 7 颗。对于这个表面亮度相当低的星云，使用 UHC 滤光片并不能在很大程度上提升观测效果。无论是否安装滤光片，它均呈现出三角形。

　　布赖恩·斯基夫在一封电子邮件中说，其中最亮的恒星是 BD +50 886。他测定了光谱后，确定这是一颗蓝白色的恒星。但是，由于它的光穿透了星云中的气体和尘埃，所以看起来呈中黄色。

NGC 1499 BRTNB PER 04 03.3 +36 25

　　加利福尼亚星云的形状确实像位于美国西海岸的加州，由临近的明亮恒星卷舌三照亮。我的旧 10×50 双筒望远镜在黑暗的夜晚可以看到该天区非常棒的景色。它在双筒望远镜中会呈现出一种暗淡的、细长的辉光，这种辉光随着视线的转移而增长。

这台 4 英寸（100 毫米）的 RFT 折射望远镜似乎是为加利福尼亚星云这样的天体量身打造的。在 27 毫米的全景目镜里，这个著名的星云非常暗淡，非常大，十分细长（长宽比为 3∶1），在辉光里有 11 颗恒星。插入 2 英寸的 UHC 滤光片使得观测这个星云的形状变得简单，整个星云延伸充满整个 2.5 度的视场。把卷舌三移出视场才能真正展现这个星云的最佳风貌。

NGC 1624 CL+NB PER 04 40.6 +50 28

这是我们星系中所能看到的最远的星云之一。当我们朝人马座、天蝎座、南十字座和船底座的方向观测时，构成银河系大裂谷的尘埃挡住了银河系的大部分区域。然而，当我们观测英仙座时，我们正在远离银河系的中心，可以看到更远的太空。因此，NGC 1624 距离地球约 2 万光年，比与地球相反方向的任何天体都要远。

在 13 英寸望远镜视场里，这个星云非常模糊，非常大，形状不规则，在目镜倍率达到 135 倍时，中间的辉光更加明亮。不使用 UHC 滤光片的情况下可以看到这个星云中有 7 颗恒星，插入滤光片在一定程度上有助于提高对比度。

IC 2003 PLNNB PER 03 56.4 +33 53

这是另一个非常小的行星状星云，它让你见识到大多数行星状星云的样子。它们通常很小，只比视野内的恒星的艾里斑（即恒星圆面）大一点。这也是一个开始学习缩写的好地方，这些缩写是 J. L. E. 德雷尔在 NGC 和 IC 中所使用的。缩写描述：pB 表示非常明亮，eS 表示非常小，lE ns 表示南北方向细长，*13 n 4″ 表示北面 4 角秒的 13 等星，*12 sp 18″ 表示向南移动（SW）18 角秒的 12 等星。我知道开始尝试弄清楚缩写并不容易，但如果你正在观测 NGC 或 IC，那么这些信息将会很有用。

我只在我那台 17.5 英寸的旧望远镜上观测过 IC 2003 一次，我对当晚的评分是 7/10。我看到这个星云非常明亮，非常小，呈圆形，中间更明亮。它最初被我发现是在 100 倍率视野里，但这颗行星状星云在 220 倍率上更引人注目。它的大小大约是艾里斑的 5 倍。在向南移动大约 20 角秒处有一颗 13 等星。IC 2003 在所有倍率的视野里都呈现出好看的橙绿色。

第九章

北半球冬季（南半球夏季）星云

冬天的天空被明亮易见的星座占据。但不要太沉迷于此，猎户座、双子座、大犬座和金牛座附近天区也有很多漂亮的星云。我保证，即使麒麟座、船尾座和罗盘座不像其他的星座那么华丽，但在这些天区里还是有很多值得一看的目标。此外，在一年中的这个时候，南半球的朋友可以持续观测麦哲伦云好几个小时直到精疲力竭，然后开始准备下一晚的观测列表！

9.1 御夫座星云

NGC 1931 CL+NB AUR 05 31.4 +34 15

我介绍这个天体是为了证明天空中的每个星云都不像猎户座星云那样明亮和明显，这个小星团和星云就是如此。NGC 1931之所以小是因为其距离遥远，最准确的估计是约 5000 光年。然而，观测较小的天体很有趣，且可以挑战观测一些细节。我喜欢观察像这样的天体，当然它们不明亮也不华丽，但值得你花一些时间仔细观察。

评分在 7/10 分的夜晚，使用直径为 13 英寸、倍率为 100 的望远镜观测这个目标，星云非常明亮，非常大，呈不规则圆形，中间明亮。在低倍率下，它看起来有点像一颗刚刚开始形成彗尾的彗星。提升倍率可以获得更清楚的细节。在 220 倍率下可以看到星云中包含 5 颗恒星，长宽比为 1.5∶1，方位角 45 度。使用 UHC 滤光片无法提升对比度，但用余光观察，其大小有所增加。

IC 405 BRTNB AUR 05 16.2 +34 16

这是烽火恒星云（Flaming Star Nebula），它环绕着御夫座 AE 星。似乎这颗恒星在穿越星系时就沉浸在了星云中，除了运气之外，没有其他理由可以解释它出现在这里的原因。从我们的角度看，并非所有嵌在星云中的明亮恒星都是星云生命线的一部分。

在一个良好的夜晚，使用 10 英寸 f/5.1 牛顿望远镜，60 倍放大率，不装滤光片，在这片天区看不到星云。插入 UHC 滤光片，可以直接看到星云。它很暗淡，很大，用 22 毫米全景目镜可以看到星云的 1/4。它是一个略呈圆形的发光天体，御夫座 AE 星在星云的南侧。

IC 2149 PLNNB AUR 05 56.4 +46 06

这里有另一个小行星状星云来考验你的寻星技能。记住，大多数行星状星云都像 IC 2149 一样，是银盘上的一个小圆盘，找到它不是一件易事。有一个特征可以帮助我们寻找这些目标，那就是"行星状星云辉光"。我不知道还有什么其他的方式来描述它，但这些小星云的颜色和质地与相似星等的恒星非常不同。一旦你看到它就会立即辨认出来。IC 2149 是一个很好的起点。IC 2149 是唯一一个在 IC 天体的描述中写着"vB"，即"非常明亮"的星云。

在评分为 7/10 的夜晚，借助 Nexstar 11 配备 22 毫米的全景目镜，在 125 的倍率下可以看到这颗小行星状星云的尺寸是视宁圆面的 2 倍，但它有"行星状星云辉光"。在 320 倍率的 8.8 毫米超广角目镜下，我们可以很容易地看到圆盘，它呈现出浅绿色。添加氧 III 滤光片会使圆盘增大 25%。我尝试的最高倍率是 420 倍，用 6.7 毫米的超广角目镜，可以看到行星盘的大小大约是艾里圆盘的 4 倍。在最高倍率下，几乎看不到浅绿色。幸运的是，在这颗行星的"上方"有一颗亮度相同的恒星可用于对焦，这是一个方便观测的巧合。

当我将高倍率目镜聚焦于这个小星云时，一颗明亮的大流星径直穿过我的视野，把我吓得半死。我立刻将视线从目镜上移开，我裸眼看到这个火球在猎户座和金牛座之间移动了大约 30 度。它燃烧后留下一条持续 3 分钟的烟雾轨迹。在望远镜里观测到流星是一件罕见且奇妙的事情。待到我的心率减缓下来，我开始回味刚才的奇妙经历！

B 34 DRKNB AUR 05 43.5 +32 39

B 34 是一个简单的暗星云，一个 13 英寸的望远镜，60 倍放大率，搭配一个 38 毫米口径的爱勒弗目镜，可以得到 1 度的视野。黑暗的区域大约有半度大，呈圆形，有几条暗带从中间向西蜿蜒而出。提高放大率并不能让我们看得更清楚。尽管这个暗星云的巴纳德评分只有 4 分（总分为 6 分），但它在银河系背景中非常显眼。

9.2 巨蟹座星云

Abell 31 PLNNB CNC 08 54.2 +08 55

我之所以选择 Abell 31，是因为这样我就可以讨论不属于 NGC 或 IC 上的天体了。这颗行星的两个主要名称是 Abell 31 和 PK 219+31.1。乔治·埃布尔花了很多时间观察帕洛玛天图上的红敏底片，这些红敏底片是用 48 英寸施密特望远镜在帕洛玛山拍摄的。这幅天图完成于 20 世纪 50 年代。埃布尔博士在这些板块上记录了 86 个行星状星云。卢博斯·佩雷克和卢博斯·科胡特克在 1965 年出版了行星状星云目录。从那时起，它就被称为"PK"目录。他们能够从各种来源收集到许多观测结果和数据，并编制了一个非常有用的目录。编号系统是基于银经银纬，而不是天体的赤经（RA）或赤纬（DEC）。

在一个评分为视宁度 = 6、透明度 = 7 的夜晚使用 Nexstar 11 观测，这颗行星状星云非常暗，非常大，在 125 倍率下表面亮度非常低。一对 10 等的双星位于其中，它周围有些许朦胧。眼角余光法有一定的作用，但这仍然是一个很难看到的天体。使用 UHC 和氧 III 滤光片也无济于事，因为暗淡的星云无法发出足够通过滤光片的光子。

在一个条件相似的夜晚使用 13 英寸望远镜，可以看到它非常暗，大且圆，在 100 倍率下依旧很暗。使用 UHC 滤光片可以看到星云中有 3 颗恒星，这是一个低表面亮度的天体。我首先在 60 倍率下找到它，当我在低倍率下使用眼角余光法找到它时，我立即切换到 100 倍率来观察，但在任何一种倍率下它都很难被看到。视场中呈现出一个不规则的圆形暗光点，大约 10 角分大小。肯·里夫斯说这是一个 BARF 天体，也就是说它"大且暗淡"（"Big And Real Faint"）。

在 2005 年的得州追星派对上，我使用特雷西·克璐斯的 18 英寸 f/4.5 牛顿望远镜观测了 Abell 31。在夜空质量视宁度 = 5、透明度 = 7 的夜里，天空中有一些云在移动的情况下，Abell 31 非常暗淡，非常大，非常圆，很难拍摄。

9.3 | 大犬座星云

NGC 2359 BRTNB CMA 07 18.5 –13 14

这是另一个有几种常见名称的星云。在仙人掌天文俱乐部，我们称它为"鸭子"星云，因为它的轮廓是一只鸭子的头。这个星云也被称为"雷神的头盔"，因为人们在星云中看到的是这个形状。鸭头的泡泡形状是半透明的，中间有一颗橙色的星星。这颗中心的恒星是沃尔夫–拉叶星，星体抛射外壳物质形成星云，星光照射原子使其发出荧光。

在 4 英寸的 RFT 配备 50 倍率的 12 毫米目镜，不使用滤光片，NGC 2359 很暗，相当大，呈不规则的圆形，用余光观察，它会更加突出。添加 UHC 或氧 III 滤光片可以提高明亮区域的对比度，但外部暗淡的星云都无法通过这些滤光片。4 英寸折射望远镜使用深空滤光片可以获得最佳视野，不仅明亮的区域有了更多的对比，暗淡的外部也能被看到了。此外，深空滤光片的温和过滤作用使视野中更多的恒星可以被观测到。这为观察星云的轮廓提供了便利。

用 Nexstar 11 配备 27 毫米的全景目镜，不带滤光片，在 100 倍率下可以看到星云非常明亮，很大，形状非常不规则。一共有 8 颗星等在 10 到 12 之间的恒星。明亮的"鸭子"形状很明显，四周可见一些模糊的云状物。加入 UHC 滤光片后观测，这个星云有很大不同。有 3 颗最暗淡的恒星在安装滤光片后看不见了，但观察者却能看到很多其他细节。整个视野模糊不清，有几条明亮的流光一直延伸到视野之外。这是我冬天的最爱，我会经常反复观测它。

Sh2-301 BRTNB CMA 07 09.8 −18 29

斯图尔特·沙普利斯公布了他在帕洛玛天图底片上发现的313个氢 II 区列表。有些是已知的天体，有些是新发现的气体星云。这个星云被收录在沙普利斯亮星云表的简介中。它是我最喜欢的"不走寻常路"的深空目标之一。

对于一个夜空状态良好的夜晚（视宁度 = 7、透明度 = 8），这是一个有趣的星云。使用 Nexstar 11 和带有 2 英寸 UHC 滤光片的 27 毫米全景目镜观测 Sharpless 2-301，它非常模糊、较大，中间部分略显明亮。余光观察会让它变大。它有一个非常不规则的"三臂"形状，在星云中有 4 颗模糊的恒星。它有一个圆形的星云区域，连接着 3 个星云带，星云带的末端是 10 等的恒星，周围闪烁着光芒。

在放大倍率为 100 的 13 英寸望远镜视野里，它非常明亮，非常大，形状不规则，我给当夜的评分是 8/10，这是一个非常棒的夜晚。我第一次观测这个天体是在一个有光污染的地方，并在笔记里写下它很暗。所有这些观测都是通过 UHC 滤光片进行的，它对观测这个目标有很大帮助。这个星云有 3 个分支结构，有 12 颗恒星参与其中。有一些分离的云状部分超出了 30 角分的视野。

9.4 | 剑鱼座星云

好了，我们现在到了大麦哲伦星云（Large Megellanic Cloud，LMC）。除了银河，它是本星系群中最亮的成员。这是我独自前往南方天空的一个原因。用肉眼看，它就像一朵不动的云！蜘蛛星云是位于其一端的亮点。

用我的 8×42 双筒望远镜从吉姆和琳恩·巴克利在澳大利亚的后院观察，LMC 呈一个巨大的"L"形，蜘蛛星云是"L"短端上的一个大亮点。在星系的另一端有一个模糊的点。LMC 整体非常明亮，非常大，中间亮度很小，形状非常不规则。这个巨大的目标大约是 6 度双筒望远镜视场的一半。

关于这个迷人而复杂的深空天体已经有好几本完整的书了。我既没有空闲也没有意愿去再写这样一本书。因此，我将提供一些我在最近的澳大利亚之行中所做的最好的观测。在我观测的所有夜晚，视宁度和透明度都是 7 或 8，所以在观测期间我不会重复观测同一个目标。

NGC 1714 LMCDN DOR 04 52.1 −66 56

用 14 英寸 f/10 的 SCT 配备 30 毫米目镜观测，在不添加滤光片的情况下，这个星云很小，但它的表面亮度高，旁边有一个星团。星云的长宽比为 1.8∶1，一端更亮。星团可以分解出 40 颗恒星，相当大但不紧凑。用 12 毫米目镜观察明亮的星云，它有点像彗星形状，明亮的一端非常突出。UHC 滤光片增强了星云的外部部分，使其更大。这整个星云位于一个暗星云的前面，该星云在西北方向有明显的边缘，边缘外又是一片富恒星场。

NGC 1769 LMCCN DOR 04 57.7 −66 28

在 5 英寸 f/8 折射望远镜配备 30 毫米目镜的视野里，你绝对会发出一声"哇"的惊叹，该区域有 3 个星团和许多星云。NGC 1761 可以直接看到 8 颗恒星，背景中还有很多模糊的未被识别的恒星。通过余光观察，大约有 20 颗恒星位于这个明亮的、巨大的、致密且独立的星团中。NGC 1763 是一个明亮、巨大、细长的（长宽比为 2.5：1）星云，中间更明亮。NGC 1769 是另一个星云，它非常明亮，非常大，呈不规则圆形，中间更明亮。天空中很少有在这种相当小的视野里能看到这么多细节的天区。我在上面只提供了 NGC 1769 的数据。一旦你找到了这片天区，剩下的星云你也就找到了。

换上 12 英寸的 40 毫米目镜，无滤光片，这个天区依然是令人惊叹的。NGC 1761 内可以数出 38 颗恒星，还有 20 颗可以用眼角余光法看到。在这个星系团中有很多暗淡或非常暗淡的成员。NGC 1763 是由 18 颗恒星组成的明亮细长星云，在东北侧有一对明显的双星。NGC 1769 是一个非常明亮的星云，里面有一对难以看到的双星。双星是由一颗明亮的恒星及其伴星组成，伴星可以通过眼角余光法看到。

NGC 1874 LMCCN DOR 05 13.2 −69 23

使用 5 英寸镜筒配备 30 毫米目镜，不加滤光片只能看到这个星云是一片模糊的区域，但使用 18 毫米目镜会让这个区域显得更清晰。星云由两部分组成，由 6 颗恒星组成的精致弯曲链将它们连接起来。插入氧 III 滤光片确实能增强星云的轮廓，但我更喜欢没有使用滤光片时看到的景象。在我看来，星云的表面亮度很高，没有星云滤光片它会表现得更好。

12 英寸镜筒配备 40 毫米的目镜，在不使用滤光片的情况下，这两个星云都很容易被找到，它们的表面亮度相当高。NGC 1874 很明亮，相当小，自西北到东南方向的长宽比为 1.5∶1，中间稍亮一些。NGC 1876 很明亮，非常小，南北走向。这个星云分为两部分，被一条非常窄的暗带隔开。UHC 的加入突出了这两个主要的星云，使它们更大，更明显。在 NGC 1876 的东面，还显示出一个暗淡的、非常小的、细长的星云。用 12 英寸 f/15 和 18 毫米目镜放大显示了 NGC 1874 内有 2 颗恒星。这似乎就是约翰·赫歇尔在南非观测时写在笔记中的"biN"（binary nucleus）。

NGC 2070 LMCCN DOR 05 38.6 −69 06

LMC 的星云和星团密度惊人。就像我说的，这是一个非常小的样本：只要在 5 英寸望远镜的视场内移动一两个视域，就可以观测到另一组完整的星系团和星云。

NGC 2070 是一个包含在星云中的星团，两者都非常突出。这个星团包括了几颗现代望远镜所能观测到的最亮的恒星。剑鱼座 30 是这个区域的中心恒星，它比我们的太阳亮几千倍。围绕这些恒星的星云是已知宇宙中最大的 H II 区域。若所处距离相同，M33 星系中的 NGC 604 的大小约是该星云的一半。

蜘蛛星云（NGC 2070）足够令人惊叹——低倍镜下它被明亮的光点包围，高倍镜下的蜘蛛星云内部细节在其环状的星云中是其他星云无法比拟的。它足够大，当你的视线中心在星云周围移动时，星云的其他部分就会被你的余光看到。这种效果意味着，随着你眼睛的运动，星云外部细节会先消失后出现，非常有趣。

5 英寸 f/8 折射望远镜配备 18 毫米超视距目镜，不使用滤光片时，NGC 2070 非常明亮且大，有一个明亮的中心和一个非常不规则的轮廓。"蜘蛛"的形状非常明显，用眼角余光法能更容易看到毛茸茸的蜘蛛形状的腿。

12 英寸 f/15 卡塞格林望远镜配备 40 毫米目镜，不使用滤光片时，可以看到这个天体非常棒的景象。蜘蛛的形状占了视场的80%，包含 26 颗恒星。星云呈美丽的卷曲流线，从中心的星团中出来。加上 2 英寸的 UHC 滤光片后会让它更加壮观。暗带和明亮的云雾之间的对比效果极佳。蜘蛛体内到处都是细暗带。其中最亮的一颗星呈浅橙色，也就是剑鱼座 30。

如果你正在寻求挑战，这片天空可以提供一片美景。使用 5 英寸望远镜和 40 毫米的目镜，会发现在蜘蛛星云上方有一个惊人的模糊星云圈，其中包括 3 个更明亮的区域。这个圈大约有 3 度长，和 LMC 的主要明亮区域一样长，但它更薄、更暗。使用 UHC 后并没有增加这个长外环的对比度，这说明它可能只是恒星。

9.5 ┃双子座星云

NGC 2392 PLNNB GEM 07 29.2 +20 55

这颗著名的行星明亮且容易观测。NGC 2392 距离地球 1700
光年，直径 0.6 光年，中心恒星的光度是太阳的 40 倍。

人们喜欢给深空天体起名字，而这个天体有很多名字。我最
初听说 NGC 2392 是一颗"爱斯基摩"行星状星云，因为它的星
云外层看起来像一个毛茸茸的兜帽围绕着一张人脸。我从来没有
看出过一张人脸，但不同的观测者能看到这个星云的各种不同
细节。

在小型望远镜中，比如我的 6 英寸 f/6 马克苏托夫－牛顿望
远镜，用 14 毫米目镜很容易看出它不是恒星。星云很明亮，很
大，很圆。恒星位于一个灰色圆盘的中间。这台望远镜在一个良
好的夜晚提高放大倍率也不能看到它更多的内部细节。

如果把皮埃尔·施瓦尔的 20 英寸牛顿望远镜的光圈增大，
我们就能真正看到这颗行星状星云的最佳状态。在 350 倍率的情
况下，整个天体的"面部"的细节令人着迷。在中央恒星周围有
一些深色的标志，在中央圆盘和物质形成的"兜帽"之间有一个
明显的间隙，这些物质在外部形成了一个环。安装 UHC 滤光片
后，一些标志会更加突出，外部"兜帽"的细节也更明显。

IC 443 SNREM GEM 06 17.8 +22 49

啊，超新星遗迹。那些大质量恒星不会安静地离去，必须把自己炸成碎片，然后让碎片在黑暗中发光。但对于我们来说是幸运的。10年来，除了UHC滤光片外，我没有其他任何滤光片，然后我借了克里斯·舒尔的氧III滤光片来观测这个星云，看到它带来的不同景象。虽然我通常不喜欢氧III滤光片对恒星观测的影响，但它在观测一些星云时效果很好。假设你已经有一个窄带星云滤光片，下次就买氧III滤光片吧，它是线滤光片中最有用的。我会通过观测这个天体来说明这一点。

使用4英寸的望远镜在这片天区看不到任何东西，因为对于小望远镜来说，它太暗了。

使用Nexstar 11和一个35毫米全景目镜可以看到这片星云非常暗淡，相当大，非常细长（长宽比为3∶1），有4颗星位于其中。这个厚厚的逗号状星云几乎有整个视野那么大。加入UHC滤光片后会看得更清楚，但星云在这个滤光片下对比度依然很低。安装氧III滤光片后，这个超新星遗迹的外观会有很大不同。对比度增强了很多，现在在晴朗的夜晚很容易看到它。

Abell 21 PLNNB GEM 07 29.0 +13 15

这是乔治·埃布尔通过摄影发现的另一颗又大又暗的行星状星云。13英寸望远镜，在100倍率下，不使用滤光片，这个星云看起来颜色很浅、很大、很长，整体形状不规则。使用UHC滤光片后这些特征尤为明显。它呈现出一个半月的形状，南端较亮，有几颗恒星位于其中。这个天体在《拜耳星图》中的编号为

PK205+14.1。在 *Sky Cat* 2000 中，它被称为"美杜莎星云"。美杜莎是神话中的蛇发女妖，我猜测它被称为美杜莎星云的原因是 Abell 21 具有许多错综复杂的蛇纹状丝带。也许就是这个原因，也许不是。

9.6 ┃ 天猫座星云

PK 164+31.1 PLNNB LYN 07 57.8 +53 25

PK 164+31.1 是一个行星状星云，在一些文献中被误认为是 NGC 2474。1981 年 4 月出版的《天空与望远镜》杂志第 368 页讲述了这个故事，并配有该天区的照片。这个星云非常暗淡，相当大，中间不亮，在 13 英寸望远镜 100 倍放大率的视野内用 UHC 滤光片可以看到几颗恒星。这个星云非常暗淡，以至于我打开非常暗淡的红色手电筒来作画时，星云都会消失几秒钟。我必须记住它所在的视场才能将其画出来。

9.7 麒麟座星云

NGC 2244 CL+NB MON 06 31.9 +04 57

有几个 NGC 编号与麒麟座这片天区有关，但在这里提供 NGC 2244 是因为它是位于玫瑰星云内的星团的 NGC 编号。玫瑰星云是银河系中一个肉眼可见的大亮点，借助一些光学辅助设备可以看到很多细节。它距离地球约 4500 光年，直径 50 光年。中心的洞直径为 12 光年。

我通过 11×80 双筒望远镜只能看到一个非常暗淡的 U 形星云围绕着一个分散的星团。在 4 英寸的 RFT 配备 22 毫米的无滤光片全景目镜中，只能勉强看到星云，余光观察能够使它在某种程度上更加明显。此外，如果没有滤光片，用小型望远镜观察玫瑰星云，它就永远不会呈现出一个完整的环。它在中央星团周围呈马蹄形。添加 UHC 滤光片后能显著提升所见的画面质量，我用余光去观察能看到玫瑰星云的大环形结构。我也尝试使用深空滤光片，它对这个目标一点帮助都没有。氧 III 滤光片压低了天空背景的亮度，使星云更加突出。

这些结果是在一个夜空状况非常好的夜晚（视宁度 = 6、透明度 = 8），用 6 英寸 f/6 马克苏托夫 – 牛顿望远镜观测到的。用 22 毫米的目镜，在不使用滤光片的情况下，我数出了 28 颗 8 等或亮度低于 8 等的恒星。该星团明亮、庞大、不密集，在两条平行的恒星线上有几个明亮的成员。使用 UHC 滤光片能增强星云的云雾细节。星云从四面包围着星团。在东侧有几处黑块，还有 4 条穿过星云的暗带。这个著名的星云有着非常不错的景色！使用倍率为 60 的 13 英寸望远镜可以很容易看到 6 英寸望远镜里看到的所有细节。有一天晚上，我对当晚的透明度评分是 10/10，我可以看到几条黑色的"象鼻"蜿蜒穿过星云。2 英寸的 UHC 滤光片下，这个天体在一个完美的夜晚变得栩栩如生。在没有滤光片的情况下，可以看到这个星云中有 71 颗恒星。

NGC 2245 BRTNB MON 06 32.7 +10 09

我喜欢巧合，这里有一个巧合我觉得很有趣。以我现有的望远镜大小，观测到大概有十几个天体的形状像彗星。我一直很喜欢它们。巧合的是，这 12 到 15 个类似彗星的天体散布在整个天空中，其中两个天体之间的角距离不超过 2.5 度。NGC 2261 是哈勃变光星云，它是一个著名且有趣的天体，也许是最著名的彗星形状的深空天体。NGC 2245 就在附近，如果你真的愿意做个类比的话，它可能是"假哈勃变光星云"。

借助 4 英寸的望远镜和 15 毫米的目镜，这个星云几乎看不见。而 9.5 毫米镧系目镜则会让你看到扇形的痕迹。实际上，在小范围内用眼角余光法观测星云，发现它忽明忽暗。

无论由 Nexstar 11 还是 13 英寸的望远镜观测，它都非常明亮，非常小，呈扇形，顶部有一颗大约 9 等的星。这个星云比真正的"哈勃变光星云"要暗一些，但这颗恒星稍微亮一些，颜色偏黄。用眼角余光法确实能将星云的彗星形状看得更清楚。加入 UHC 和氧 III 滤光片后似乎都没有增强该天体的星云特征。

NGC 2261 BRTNB MON 06 39.2 +08 44

好了，现在让我们来看看真正的哈勃变光星云。埃德温·哈勃声称这个星云的外观会发生变化。洛厄尔天文台的 C. O. 兰普兰进行的一项研究（拍摄了 1000 多张照片！）表明，照片中可见的明暗边缘接近光速移动，所以这些变化不可能是尘埃和气体的运动，这些明显的变化是在星云中投射的阴影。当一片乌云围绕着恒星麒麟座 R 星移动时，它在星云上投下了阴影，在地球上的天文学家看来，它似乎改变了形状。最近的一项射电望远镜研究发现，在哈勃变光星云中有一个分子云，它可能是此现象的罪魁祸首。这个星云距离我们 2600 光年，因此它似乎与附近的锥形星云（NGC 2264）有关。

使用 6 英寸望远镜，搭配 14 毫米目镜，很容易看到天体呈一个楔形，就像所熟悉的在帕洛玛山拍摄的照片那样。在 6.7 毫米的目镜下，它非常明亮、非常小，在三角形或彗星形状的顶端有一颗恒星。在更高的倍率下，彗星的形状很容易看清，星云的西侧向远处延伸，远离位于顶端的恒星（R Mon）。

在 200 倍的 Nexstar 11 上，它非常明亮、非常大。不规则的形状很容易看到，在彗星形状的顶点有一个恒星核。一条暗带几乎完全穿过了星云。星云的西侧要明亮得多，余光观察可以看到更大的星云。

NGC 2264 CL+NB MON 06 41.0 +09 54

NGC 2264 是银河中一个裸眼可见的点，它标记着这个大而明亮、非致密的星团的位置。因其中较亮的恒星组成的形状像圣诞树，就被称为"圣诞树星团"，在树的形状中包括变星 S Mon。

　　双筒望远镜或寻星镜可以轻松地看到"树"的轮廓。星团包含在一个暗淡的星云中，它在四渎增一附近最亮，位于星团的北侧。在 13 英寸望远镜配合 38 毫米的爱勒弗目镜并装配 UHC 滤光片的视场中，星云在星团周围延伸了 2 度。在 100 倍放大率并装配 UHC 滤光片时，我可以看到一条暗带延伸进星云的明亮部分，这就是锥状星云。

9.8 猎户座星云

M 42 CL+NB ORI 05 35.3 −05 23

你不会以为我在写一本关于星云的书时会忘记这个目标吧？猎户座星云是太阳系之外天空中最著名的天体之一。它很明亮，很容易找到，所以很多初学者用望远镜观测这个"猎人配件"中的扇形星云来开始他们的追星之旅。当我在一个公共观测活动中说这个天体距离我们1600光年的时候，我试图让大家明白，当光线离开这个星云的时候，罗马帝国正在衰落。讲述完这一深奥的知识后，黑暗中有个声音说："伙计，宇宙真大啊！"

通过4英寸RFT望远镜和27毫米的全景目镜，观测者可以很好地观察到这个拥挤的领域。猎户座之剑的整个末端都在一个视场里。猎户座星云的明亮区域很容易看到，在每一侧都有两个星云，M 43在北端，NGC 1980在南端。插入2英寸的UHC滤光片使所有这些星云连接在一起，因为滤光片增强了对比度。视野中充满了朦胧的辉光，比RFT折射望远镜2.5度的视场还要大。这套配置可以很好地展现这个著名的深空天体的壮丽景象。

Nexstar 11配备一个35毫米的全景目镜并搭配大UHC滤光片，你会看到一片令人啧啧称奇的景象。28颗恒星包含在星云中。中部区域明亮而斑驳，深色的"鱼嘴"特征非常突出。即使使用35毫米全景目镜，整个星云也比视场大。用200倍放大率配14毫米的目镜可以很好地展现猎户四边形星团周围斑驳的效果。使用Nexstar 11在此倍率下，可以在猎户四边形星团中看到

"E"和"F"星。安装氧 III 滤光片后,四边形周围的斑驳更加突出,星云明暗部分相互交叠。

M 78 BRTNB ORI 05 46.8 +00 05

M 78 是天空中最明亮的反射星云之一。在这些天体中,有足够多的尘埃场,它们与地球的角度刚好合适,可以向我们的望远镜反射光线。

这个星云足够明亮,用我的旧 17.5 英寸多布森望远镜上的 8×50 寻星镜都能看到。它又大又明亮,在 100 倍放大率时呈扇形。这个星云看起来非常像一颗活跃的彗星,有一个三角形的辉光,包括明暗阴影。我敢打赌,这个天体经常被当作假彗星。视野外几个方向都有模糊的云状物。这个星云呈斑驳状,有 5 颗恒星。加入 UHC 滤光片后,这个星云(在视场中)的大小减小了一半,所以此星云在 UHC 的通带中几乎没有辐射。

NGC 2024 BRTNB ORI 05 41.7 −01 51

这个星云可能会被猎户座腰带中最左边的恒星——参宿一的星芒淹没。NGC 2024 是一个经常和马头星云在广角照片中同屏出现的星云。

在一个视宁度和透明度都被评为 6/10 的夜晚,NGC 2024 在 10 英寸 f/5.1 望远镜配备 22 毫米目镜且没有滤光片的视场中非常容易被找到。在低倍率下添加 UHC 滤光片,确实有助于让这个星云从猎户座中脱颖而出。使用 8.8 毫米目镜可以提高对比度,因为你可以把参宿一移出视野。UHC 滤光片无法在更高倍率下提高对比度。暗带在高倍目镜中可见，用余光能够看得更清楚，明暗对比度也有所提升。最厚的暗带位于星云的南面。在这个星云中有 3 颗恒星。因这些平行的大暗带存在，亚利桑那州的观测者们将 NGC 2024 称为"坦克轨道"星云。

B 33 DRKNB ORI 05 40.9 −02 28
IC 434 BRTNB ORI 05 41.0 −02 24

我一直说 Barnard 33——马头星云——是一个绝佳的摄影对象。它在照片上的效果比用肉眼观察到的要好得多。

Nexstar 11 配备一个 14 毫米目镜可以看到 IC 434 星云流光上有一个小缺口。这个星云对比度很低，所以马头星云只是一个非常暗淡的发光带的缺失部分。只有在对比度极好的夜晚才能看到。在我所有的望远镜中，这种黑色的缺口一直都难以观测。

使用肯·里夫斯的 20 英寸 f/5 牛顿望远镜，在一个透明度为 8 分的晚上，即使没有滤光片，也很容易发现星云中有一块缺失的区域。在马头星云的"颈部"有一对双星，它指向黑暗区域的方向。用这对双星可能会更容易帮助你找到马头星云，但它终归是一个低对比度的目标，即使你有大口径望远镜，在一个良好的夜晚观测也无济于事。

Sh2-276 BRTNB ORI 05 48.0 +01 00

这个巨大的星云是一个低表面亮度的天体，它的弧线以猎户座之剑为中心。它是在 E .E. 巴纳德 100 年前拍摄的照片上发现的，因此，它被称为"巴纳德环"（Barnard's Loop）。它是由猎户座之剑中的巨型恒星在遥远的过去喷射出成千上万吨的气体和尘埃而形成的，现在你可以用裸眼看到这个星云。是的，用你的肉眼并借助现代的滤光片。在一个观测良夜，站在一个非常黑暗的地方，我把 UHC 滤光片举到眼前，不难看到一个暗淡的星云弧位于猎户腰带以东。在尝试这个观测方法之前，一定要确保你完全适应了黑暗环境。

在 8×42 的双筒望远镜中，不装滤光片看到巴纳德环更像是对夜晚的考验，而不是在为难你的视力。在评分为 5/10 的晚上，我在一个普通的观测点看不到任何星云。但在一个评分好得多（评分 8/10）的晚上，这并不困难，用双筒望远镜可以看到大约 4 度的弧。

Sharpless 2-276 似乎覆盖了整个星云弧。我的全新的 35 毫米全景目镜就是为了这种观测而买的，在 13 英寸望远镜里，它非常暗淡，极为巨大，看起来像一条非常非常长的细流。NGC 2112 是观察这个星云的好标志，星团恰好位于这一串十几颗相当暗淡的星星中间，星云细流在这个星团的两边各延伸约 3 度。使用 UHC 滤光片和眼角余光法很有用，这个星云的细流可以在我眼角处显示出更好的对比度。

9.9 ┃ 船尾座星云

NGC 2438 PLNNB PUP 07 41.8 −14 44

　　M 46 和 NGC 2438 让我们了解到我们看到的是二维的宇宙，尽管现实中它是三维的。行星状星云 NGC 2438 的距离几乎是星团 M 46 的一半。我知道这个星云看起来就像正处于疏散星团的东北边界，这是一种光学错觉。这颗行星状星云距离我们约 2500 光年，星系团距离我们超过 4000 光年。

　　照亮星云的恒星是 18 等星的，但在星云中央还有一颗 11 等的恒星。这也是一次偶然的重叠。

　　使用 10 英寸 f/5.1 配备 8.8 毫米目镜的望远镜观测，星云大且明亮，长宽比为 1.2∶1，倾斜 75 度。这颗行星状星云中心的明亮恒星在 50% 的时间处于宁静状态，星云呈淡绿色。用 4.7 毫米的目镜可以很好地观察到这颗行星状星云的环形特性，尽管它的环形并不完整。南侧的环更明亮。

　　把光圈调高到 25 英寸 f/5，再配上 12 毫米的 300 倍率目镜，就可以看到这颗小星云上的许多细节。它呈浅绿色，在星云中可以看到 3 颗恒星。其中 2 颗恒星清晰可见，另一颗很难看到。星云的光芒呈环状，中央部分呈浅灰色。2 层星云围绕着中心恒星。

NGC 2467 CL+NB PUP 07 52.5 −26 26

　　这个星团非常漂亮，如果它单独存在肯定会有很多追星者去观测，但这个星团周围有一些明亮的星云。这个星团与船尾座OB1存在关联。60年前，巴特·包克和其他几位天文学家正在研究银河系中旋臂的位置。他们发现了许多这种明亮的蓝白色恒星组合，并将其称为"OB星协"。他们用OB星协描绘出银河系的旋臂。对观测者来说，就是在这片天空中聚集了一群明亮的蓝白色恒星。

借助4英寸的望远镜加上12毫米的目镜和深空滤光片，我们就能很轻易地看到这片圆形星云。它非常暗，非常小，非常圆，有3颗星。用余光观察能看到更多星。如果没有滤光片，它只能在小范围内勉强可见。

13英寸望远镜里的NGC 2467是一个又大又明亮的密集星团。在评分为7/10的夜晚，在100倍的放大倍率下我数出了31颗星星。这个星团在11×80的寻星镜中很容易被看到。这个星云是在没有UHC滤光片的情况下观测到的，添加了滤光片后，星云变得更好看了。在星团的西南侧有一个明亮的圆形的星云斑点，在东北部分有几个非常明亮的条纹。用一块黑布盖住头，使用UHC滤光片能让星云位于整个视野中。最重要的是，可以观测到几条暗带蜿蜒穿过这片区域。快来观测一下这个鲜为人知的星团和星云吧。

9.10 | 罗盘座星云

NGC 2818 OPNCL PYX 09 16.0 -36 38
NGC 2818A PLNNB PYX 09 16.0 -36 36

NGC 2818 与这个疏散星团及其边缘的行星状星云都有关联。有人给星云加上了"A"的后缀，这样它们就有了不同的编号。不管人类如何记录，这两个天体在天空中是相互关联的，相距约1万光年。这是银河系中非常丰富的区域，并且这个星团和行星非常突出。它们确实值得在一个晴朗的夜晚去追逐观测。

在 13 英寸的望远镜中，这个星团非常暗淡，非常大，有些长，在一个评分 5/10 的夜晚，135 倍率下，可以从非常暗淡的恒星的朦胧背景中数出 16 颗恒星。在一个更好的夜晚（评分 7/10），这个星团看起来非常明亮，我可以在 150 倍率下分辨出 34 个成员。行星状星云非常明亮，非常大，中间稍微亮一些，用 150 倍率的目镜观测时，其边缘模糊。它位于疏散星系团的东部边缘。在 285 倍率下可以看到浅绿色行星状星云中的一些暗带。

在澳大利亚的夜空中，这个天体真的很亮（在北半球看不到有些遗憾）。在 5 英寸的折射望远镜上，配备 18 毫米的 Ultrascopic 目镜，没有装配滤光片，星团分解成 10 颗星等为 10 或更暗的恒星，它非常暗，非常大，有 2 对双星。这个星云很大、很暗、很圆，没有中心恒星，余光观察会感觉它更大。氧 III 滤光片起到了很大的作用，现在这颗行星状星云真的很显眼，很容易看到，很大很圆。

换作 12 英寸的卡塞格林望远镜，不带滤光片，我可以看到这个星团更好的形态。42 颗恒星被分辨出来了，它非常明亮，非常大，非常密集，用 40 毫米目镜可以看到星团内的许多恒星。在 30 毫米的目镜上，这片行星状星云显而易见，非常明亮，非常大，有点细长（长宽比为 1.2：1），呈哑铃形状。UHC 滤光片能提高对比度。这颗行星的中心恒星从未被发现过。

9.11 金牛座星云

M 1 SNREM TAU 05 34.5 +22 01

蟹状星云是天空中被研究最多的天体之一。当科学家们意识到这个小小的发光星云是 1054 年发生爆炸的一颗恒星的遗迹时，他们尝试尽全力去解释这个星云内部的原理和化学组成。蟹状星云也没有让他们失望。星云中有各种各样的原子和分子。一颗迷人的中子星从不断增长的星云中心发射出巨大的能量。

使用 4 英寸的望远镜配备 22 毫米的目镜，我们可以看到它非常明亮，非常小，长宽比为 2∶1，显示出相当高的表面亮度。换作 Nexstar 11 和一个 35 毫米目镜观测，它很明亮，相当大且细长（长宽比为 2.5∶1）。在低倍率的视场中，蟹状星云中没有恒星。14 毫米超宽视场目镜展现出它迷人的灰绿色。其中有 4 颗星，都位于边缘，这些恒星都不是中心的脉冲星，它的星等为 16。在高倍率的视场中，它呈现出类似螃蟹的形状，它也正因此而得名。其中最突出的是一个细长的 S 形星云，它从星云的一端延伸到另一端。用眼角余光法能看到蟹状星云内低表面亮度区的细节。

M 45 CL+NB TAU 03 47.0 +24 07

在过去的几年里，我参加过很多公共观测活动，有很多人认为昴星团就是小北斗七星。我知道这种误解是如何产生的。对于我们北半球的观测者来说，在秋季和初冬，它确实看起来像一个小勺，勺口朝上，手柄朝下。

天空中最明显的反射星云与昴宿星团的恒星有关，它就是 M 45。这些尘云是星团中恒星形成时留下的，当星光被尘埃反射时，就会在恒星周围产生辉光。

在黑暗的观测点，借助任何光学辅助设备都能看到昴宿五周围的光芒。在我的 8×42 双筒望远镜中景色非常棒。我数了数，这个星团里有 40 颗恒星，昴宿五周围的星云很容易就能看到。

这是我在购买 100 毫米折射望远镜后就想观测的天体之一。它需要一个广角望远镜来同时观察所有昴星团。好消息是它没有让我失望，这个小望远镜给我提供了一幅美丽的星云和星团景象。整个昴星团都在视场内，在它周围有一些空间。大多数主要的恒星周围都有一些光芒，昴宿五是最突出的。作为"把手"的恒星周围看不到星云。使用 22 毫米全景目镜并用眼角余光法观察，你能更容易地看到恒星周围的光芒。

9.12 船帆座星云

NGC 2736 BRTNB VEL 09 00.4 –45 54
Gum 12 SNREM VEL 08 30.0 –45 00

  大约 1.2 万年前，船帆座中有一颗非常明亮的恒星。这颗巨大的恒星发生了 II 型超新星爆发，把自己炸成碎片。今天，它的核心是一颗脉冲星，用任何光学望远镜都无法看到。然而，这颗恒星的抛射物形成了非常巨大的迷人星云，覆盖了这片天区。虽然它只有 800 光年远，但它已经扩散了几个世纪的时间，所以它是一个低面亮度和非常弥漫的星云。NGC 2736 是最亮的部分，它被称为"赫歇尔的铅笔"，这是 19 世纪早期约翰·赫歇尔在南非观测时给出的描述。

  在澳大利亚用 5 英寸 f/8 折射望远镜和带 UHC 滤光片的 40 毫米目镜，可以看到很多模糊的云状物。它挡住了这片区域密集的恒星，所以它不像是恒星贫瘠天区的星云发出非常微弱的光芒。安装 30 毫米的 Ultrascopic 目镜和氧 III 滤光片后，你能够看到一幅迷人的景色。NGC 2736 非常明亮，很大，非常细长。不需要滤光片就可以看到"赫歇尔的铅笔"。余光观察对提升目标的细节有所帮助，但氧 III 滤光片毫无疑问提供了最好的景色。

  现在来看看 12 英寸的卡塞格林望远镜和一个 40 毫米的目镜并配备 2 英寸的 UHC 滤光片的组合。"赫歇尔的铅笔"横跨整个区域。它非常明亮，非常大，非常细长，倾斜角为 15 度。眼角余光法观测能提高对比度。这是一个低表面亮度的天体。东侧是星云非常尖锐的边缘，在明暗星云相遇的地方有一道不发光的暗带。星云中有 5 颗恒星，其中 2 颗非常明亮。即使有了这个广角目镜，这片天区的星云也延伸到视野之外！我已经将视野范围从 NGC 2763 向各个方向移动了 5 个区域，在各个方向都有从非常明亮到非常暗淡的星云。整片天区非常赏心悦目。

NGC 3132 PLNNB VEL 10 07.0 −40 26

从照片上的复杂结构来看，NGC 3132 被称为双环星云。研究发现，中心恒星 HD 87892 是一颗 10 等的 A0 星，并不是星云中真正的亮星。紫外辐射来自一颗 15.8 等的矮伴星，距离明亮的中心恒星 1.6 角秒。这是最明亮的行星状星云之一。这颗 8 等星很显眼，其大小可与环状星云相媲美。

用 13 英寸望远镜在亚利桑那州拍摄的照片中，它是明亮的，大的，长宽比为 1.5：1，倾斜 15 度，150 倍率观测时中间的恒星核要明亮得多。这是一颗非常漂亮的行星状星云，中心有一颗 10 等的恒星，在任何倍率下都很明显。余光观察会感觉星云在恒星周围延伸。我每次观察的时候都看到这个星云不是灰色就是浅绿色。

在澳大利亚，用 5 英寸折射望远镜就很容易发现它。用 18 毫米的目镜观察，圆盘被拉长，中央的恒星很明显。用余光观察会感觉星云变大。

在 12 英寸的望远镜配合 30 毫米目镜，没有滤光片的情况下，它是明亮的，相当大，长宽比 1.5：1，方位角为 15 度，10 等星很明显。有一种环形结构的迹象，它被云雾"填充"，比它周围的细长环更模糊。使用更高倍率的 18 毫米目镜确实能看到更加令人惊叹的景色。环状结构很简单，现在在边缘有一颗非常暗淡的恒星。插入氧 III 滤光片会在环外显示出更多的星云，因为它会降低恒星的亮度，所以星云的细节更容易被看到。在没有滤光片的情况下，这颗行星状星云呈现出一种美丽的淡绿色。

第十章

北半球春季（南半球秋季）星云

在北半球，春天是观测银河的季节。这是介绍星云观测的所有章节中最短的一章，因为室女座、狮子座、后发座和大熊座主宰着北半球的星空。然而，南半球的人们看到的却是截然不同的"风景"。在4月到5月，他们可以观测半人马座、南十字座和船底座。如果你生活在南半球，你可以观测到银河中许多好风景。

10.1 船底座星云

NGC 3324 OPNCL CAR 10 37.3 −58 40

现在简要讨论一下数据源。当我写这篇文章时，SAC数据库为7.2版本，对此天体的"类型"标记错误，数据库将其错误标注为"疏散星团"，且认为这个星团包含一个明显的星云。这些错误将在下一个版本中更正。所以说，没有一个数据源是绝对可靠的。

显然，所有这些观测都发生在澳大利亚。用5英寸望远镜配备40毫米的目镜和UHC滤光片观测，NGC 3324周围的星云很明显。星团并不突出，但星云确实很突出。在没有滤光片的30毫米超宽视场目镜中，星云相当大，相当暗，呈圆形，可以看到有16颗恒星位于其中。配备更高的倍率与18毫米目镜，能看到星云"双瓣"的特征。在北侧有一对双星，它位于一个相当明亮和细长的星云区域。在它的南边还有一颗明亮的恒星，它被一个圆形的星云包围着。一对美丽的深橙色和蓝色双星位于这个星云和船底座伊塔之间。

换到 12 英寸望远镜，使用 40 毫米的目镜，在不使用滤光片的情况下，你就可以很好地看到这个美妙的星云。它涵盖了 80% 的视场，相当大且明亮，长宽比为 1.5∶1，南北向。发光区域中有 20 颗星星，一条暗带将西边隔断。太美了！船底座伊塔就在隔壁。

NGC 3372 BRTNB CAR 10 45.1 −59 52

当夜幕降临，船底座伊塔星云、煤袋星云和麦哲伦星云便会升起。壮丽的船底座伊塔星云是从地球上能观测到的最佳的深空天体之一，在赤道以南的地方能看到最好的风景，这一点毋庸置疑。这个壮丽的星云是我两次去澳大利亚旅游的主要原因之一，它总是给我留下深刻的印象。

我先从肉眼观察开始，然后再用双筒望远镜和天文望远镜观测。在一个晴朗的夜晚，在距离布里斯班约 90 英里的吉姆和琳恩·巴克利的后院，裸眼就能很容易看到船底座伊塔星云。它周围有 3 个星团：IC 2602、NGC 3114 和 NGC 3532。它们都是适合观测的星团，每一个都有不同的特点，值得深入研究。但这是一本关于星云的书。

用我的猎户座萨凡纳 8×42 双筒望远镜观测，可以看到 NGC 3372 有猎户座星云的 2 倍大，因为有 16 颗恒星，所以更亮。今年 4 月，在澳大利亚，我可以用随手可得的小双筒望远镜来作对比。对于双筒望远镜来说，船底座伊塔在亮度和细节方面更胜一筹。船底座伊塔星是星云中最亮的恒星，在双筒望远镜中它呈很明显的浅橙色。在星云内部有一个很容易看到的黑色缺口，它将星云切割成两部分：分别占总大小的 1/3 和 2/3。在星云的东面是一颗橙色的恒星，在它的北面是一对非常宽、非常漂亮的橙色和蓝色双星。这个著名的天体拥有非常丰富且迷人的景色。

环绕船底座伊塔的星云非常丰富，在 8×42 的视场范围内有大量低亮度的恒星。星云长宽比为 5:1，利用小双筒望远镜可以很容易看到一条暗带，将顶部和底部截断。它很像天鹅座恒星云。

在双筒望远镜里观察，围绕船底座伊塔星的巨大花边暗星云非常迷人。它位于两个明亮星团之上的两侧："左侧"的 NGC 3532 和"右侧"的 NGC 3114。黑暗中有许多精细的图案，就像一块蕾丝桌布遮住了远处的星星。

使用不装备滤光片的 5 英寸 f/8 折射望远镜和一个 30 毫米目镜观测，所见之景肯定能让你眼前一亮，天空中再也没有像这样壮丽的地方了。星云充满了整个视野，逐渐向南消失，转变成一个非常密集的星场。大约有 100 颗成对和链状的恒星被包含在星云中。黑色的缺口将星云切割成 1/3、2/3 两个部分，还有许多"象鼻"状的暗星云。在这个三角形的"回旋镖"星云中有 28 颗恒星，其中包括船底座伊塔星。位于西边的 Bochum 10 中能分辨出 11 颗恒星，它是一个相当致密的星团，星团中有 2 对双星。2 英寸 40 毫米的目镜配合相同尺寸的 UHC 滤光片能完美地展现星云的轮廓。在一个非常丰富的恒星场中，明暗星云交织在一起，这一景象真的令人惊叹。只要你花了一些时间观察船底座伊塔星云，你就不会把它和天空中的任何其他的位置混淆。

在配有 40 毫米目镜的 12 英寸卡塞格林望远镜中，明亮的

"回旋镖"星云占视场的 40%。船底座伊塔星周围有一个名为何蒙库鲁兹（Humoculous）的小星云。这一区域有 32 颗恒星，其中包括何蒙库鲁兹。何蒙库鲁兹大约是视宁圆面的 3 倍大，呈美丽的橙黄色。特朗普勒 16 星团有 24 颗恒星，非常明亮，非常大，恒星密集，位于回旋镖状星云的末端。在一个天气稳定的夜晚，用 12 英寸望远镜配备 12 毫米目镜观测，我看到了何蒙库鲁兹的

图 10.1　这张船底座伊塔星所在区域的照片是我在吉姆·巴克利的帮助下拍摄的，使用 200 毫米镜头曝光 20 分钟。

细节，船底座伊塔星是一个小圆盘，位于两个反向凸起的浅橙色圆盘的中心。此外，在那片星云中还夹杂着又细又暗的小线，就像地球仪上的纬线一样。

哦，是的，"钥匙孔"，你以为我把它给忘了。它是一个暗星云，位于船底座伊塔星的西北部。它确实很黑，在黑暗的区域里只有 6 颗非常暗淡的恒星。"钥匙孔"大约有 15 角分长，南部的 5 角分左右是这个著名的暗星云中最暗的部分。在一个适合观测的夜晚，我发现即使用 5 英寸的小望远镜也很容易将它认出来。它确实像一个老式钥匙孔的形状，或者像一个上下颠倒的粗感叹号。

在我离开澳大利亚的前一天下午，吉姆收到了一个来自美国的包裹，是一台 Stellarcam 摄像机，他非常兴奋。我们把副镜取下，把它挂在带有 Starizona Hyperstar 镜头附件的 14 英寸星特朗望远镜上。稍微进行了一些调整，使其开始工作之后，视场内景色非常棒。使用 Stellarcam 摄像机就像在看电视——但节目是宇宙。半人马座欧米伽星团中的小恒星填满了整个视野，很容易看到船底座伊塔星的黑色钥匙孔的特征，我还数了下明亮的"回旋镖"星云中有 75 颗恒星。

10.2 | 半人马座星云

NGC 3918 PLNNB CEN 11 50.3 −57 11

望远镜中看到的颜色非常主观。多年前的观测者在对双星的描述中加入了许多色彩。我见过一些双星的颜色，但我们先不谈这个。我在行星状星云中也看到了一些颜色。如果光谱包含大量的氧 III 发射线，那么星云在我眼里是亮绿色到浅绿色的。这是我见过的为数不多的蓝色星云之一。如果你不住在南纬地区，你就需要到南半球去观测。

在 5 英寸望远镜配合一个 18 毫米目镜的帮助下，我们能刚好看到行星状星云的圆盘。它小而明亮，呈圆形，中心没有恒星。使用 12 毫米目镜提高放大倍率，行星状星云的圆盘更容易被看到，呈浅蓝绿色。

14 英寸 SCT 望远镜配合 18 毫米目镜能获得极佳的景色，可以在视野中看到它是一个非常漂亮的浅蓝色圆盘。中心的星体依旧看不到。圆盘有点椭圆，长宽比为 1.2∶1，余光观察能看到它更大一些，并显示出暗淡的外部辉光。用余光观察外层星云要容易得多。在一个观测良夜，这是在富场星空中的一个美丽的彩蛋。

10.3 乌鸦座星云

NGC 4361 PLNNB CRV 12 24.5 −18 48

使用 13 英寸的望远镜观测，NGC 4361 大且明亮，长宽比为 1.5∶1，方位角约 90 度。中心的恒星在所有倍率下都很明显。倍率达到 220 时，这个行星状星云的表面呈现出一种几乎"斑驳"的效果，这对这种类型的天体来说有些奇怪。大多数行星状星云在高倍率下看起来是光滑的，但这个星云并非如此。它是灰色的，UHC 滤光片在一定程度上有助于提高对比度。

在 1996 年的得州追星派对上，我花了点时间用汤姆·克拉克的 36 英寸 f/5 望远镜配备 27 毫米全景目镜观察这个行星状星云。它非常明亮，相当大，稍呈椭圆形。对于 180 英寸（4572毫米）焦距的望远镜来说，在低倍率下，盘面有一些斑驳！使用 14 毫米的目镜可以看到这个星云星呈灰绿色，明亮而巨大。中间的恒星在一个空的或黑暗的区域，呈"足球"状。图像中显示的是中央恒星周围被偏椭圆的黑暗区域包围着的景象。

10.4 ┃南十字座星云

Coal Sack DRKNB CRU 12 53.0 −63 00

煤袋星云在暗星云中名字最为形象，它紧挨着南十字座，是天空中最引人注目的裸眼星云之一。据估计，它距离地球有550光年，宽约60光年。如果所有这些数值都是一个较准确的近似值，那么它是距离地球最近的暗星云。

我对"煤袋"最难忘的观测是在南美洲海岸外的"黎明公主号"游轮的甲板上，当时正在等待日食，很容易用肉眼看到煤袋星云，它就在南十字座的"旁边"。我认为蛇夫座的烟斗星云更暗且对比更强。然而，在银河系中这个著名的黑色印记在恒星密集的天区中确实很突出。使用一副10×50的双筒望远镜有利于提升观测效果。煤袋星云在南十字银河中，呈深色椭圆形。船在向阿鲁巴岛驶去的过程中确实移动了一下，所以我在前甲板上改变了站位，这样似乎可以让我把双筒望远镜拿得更稳。

在陆地上，我从澳大利亚出发，用8×42双筒望远镜可以看到煤袋内的26颗恒星。暗星云并不是"密不透风"的，其暗带中镶嵌了许多颗恒星。它刚好填满了8×42双筒望远镜的视野。宝盒星团就在煤袋星云的上方，能看到有6颗星，明亮且紧凑。

澳大利亚的原始部落根据银河创造了几只"黑暗动物"。因为他们的祖先几乎没有受到路灯和足球场的影响，他们可以很容易地看到我们银河系中的暗星云。所以，就像希腊和罗马的天文学家在天空中创造神话一样，澳大利亚的部落也做了同样的事情。

"黑鹕鹕"一旦被看到就很容易认出来，这是一只从煤袋到天蝎座尾部的巨大的黑鸟。在没有光学设备辅助的情况下，这是天空中最迷人的景色之一。使用 8×42 双筒望远镜沿巨大的黑鸟观察，景色非常吸引人，沿途可以看到许多明暗区域，闪闪发光的星云。煤袋里有一只眼睛，"喙"延伸到南十字的底部，现在向下延伸到颈部，包括半人马座的阿尔法星和贝塔星，身体变大，腿部向南天蝎座移动，上面的尾羽朝向天蝎座的头部。风景绝对引人入胜！

附近的一颗恒星有一颗名为 DY CRU 的变星。而且，当我观察这个天区的时候，我必须提一下鲁比十字架。这颗碳星在 100 多年前就有了它的绰号，而变星的名字则是最近才有的。它是一颗碳星，位于南十字贝塔星以西 2 角分处。这颗恒星的 B-V 星等达到惊人的 5.8，使其成为天空中最红的恒星之一。在配有 40 毫米目镜的 12 英寸望远镜视场里，呈现出的是一幅令人赞叹的景象：一颗绚丽的暗橙色恒星与一颗 2 等蓝白色恒星位于同一

图 10.2 这张"黑鹕鹕"的照片是我拍的，使用 28 毫米镜头曝光 8 分钟。煤袋星云位于画面的顶部，心宿二和"假彗星"区域（NGC 6231）位于画面的底部。半人马座阿尔法星和贝塔星位于"黑鹕鹕"的"颈部"。

视场。据我所知，天空中再也没有这样的地方了。如果你是红碳星的粉丝，千万不要错过这个。

我仍然对这些暗带赞不绝口。一条迷人的 15 度长的黑暗链条从煤袋蜿蜒而来，包围着 IC 2602（南天七姐妹星团）。虽然可以用肉眼看到，但它在双筒望远镜中变得栩栩如生。这是一个月亮亮度为 60% 的夜晚，它刚刚从东方地平线上升起。是的，当你在澳大利亚时，月亮从正东方升起。

图 10.3　这张煤袋星云的照片是我拍的，使用 135 毫米镜头曝光 12 分钟。

10.5 ┃ 长蛇座星云

NGC 3242 PLNNB HYA 10 24.8 −18 38

许多年前，这颗行星状星云获得了"木星幽灵"的绰号，因为它的形状略呈扁圆形，角直径小，与这颗巨行星大致相同。在梅西耶天体之外，这是最明亮的深空天体之一，几乎任何小型望远镜都能在晴朗的夜晚看到它。

通过 200 倍率的 Nexstar 11 望远镜观测，NGC 3242 小而明亮，稍呈椭圆形（长宽比为 1.2∶1）。提升到 320 倍率则可以获得此著名天体的极佳观测效果。你甚至可以轻易地感受到它仿佛在凝视着你。它的圆盘是浅绿色的，中心的星体大约有 20% 的时间能被看到。

1979 年，当我第一次开始带着对所见事物的认知来观察天空时，我有幸与理查德·莱恩斯和海伦·莱恩斯相处了一段时间。1965 年，他们发现了关－莱恩斯彗星，并在亚利桑那州梅耶小镇建立了一个天文台。天文台安装的是一个 16 英寸 f/8 牛顿望远镜，能提供极好的图像。一天晚上，我们将望远镜对准 NGC 3242，画面令人震惊。在 160 倍率和 20 毫米目镜下，"CBS 眼"效果很容易被看到，它是一个蓝绿色的圆盘。使用 12 毫米的目镜可以得到 275 倍的放大效果，颜色略显暗淡，但在更高的倍率下内部细节更加明显。通过余光观察可以看到一个模糊的外壳，使得这颗行星的大小几乎增加了一倍，明亮的内部区域被细长而暗淡的外部辉光包围。

10.6 苍蝇座星云

NGC 5189 PLNNB MUS 13 33.5 −65 58

这颗行星状星云距离我们约 3000 光年。另一项科学发现表明，中心星体是一对双星。这将解释这两颗星与 NGC 5189 中部喷射出的气体相互作用而产生奇特的形状。之前的几位观测者曾提到，它看起来像一个棒状螺旋星系，因此被称为"螺旋行星"。

使用 14 英寸 f/10 SCT 望远镜和一个没有滤光片的 18 毫米目镜观测，它非常大且明亮，呈现一个非常不规则的图形，有 5 颗恒星位于其中。在这个倍率下，"条纹悬臂"形状很容易被看到。肉眼可见的星云中有深色的斑纹。一条小小的暗带穿过一侧的臂状星云，使用眼角余光法可以看到它变大许多，有一个明显的淡淡的外层星云。添加氧 III 滤光片可以增强星云最亮部分的对比度，外层部分更加明显。这是这个独特天体的绝佳画面。

Sandqvist 149 DRKNB MUS 12 25 −72 00

这个天体的绰号是"黑色小玩意"，这名字看起来相当傻，我同意一些观测者的观点：深空天体的命名有点失控了。我选择使用 Sandqvist 149 作为这个天体的专业命名，因为我认为发现这些天体的人应该被记住，但你不能用扫帚挡住大海[1]，很多人都知道天空中这个深色标记是"黑色小玩意"。

---

① 指"无用功"。——编者注

这条暗带在 8×42 双筒望远镜里很容易被看到。暗带是 L 形（我可以说回旋镖形吗？），正好在苍蝇座四边形（四面长度不同的四边形）的中间。它从苍蝇座伽马星云和 NGC 4372 的正北开始，绕到 NGC 4833 的正上方。这两个 NGC 天体都是球状天体。这个黑色星云的西侧较长，也比较容易辨认。用 11×80 双筒望远镜就能更容易地看到这条暗带，以及两端的球状星团。在大双筒望远镜中，用余光观察确实能看出深色的 V 字形。

使用梅登威尔天文台的 14 英寸 SCT 望远镜，用一个 40 毫米的目镜很容易看到它，但它有 8 个视场长！它看起来像一条迷人的黑暗河流，蜿蜒穿过丰富的恒星场。

图 10.4　这张苍蝇座的照片是我拍的，使用 135 毫米镜头曝光 10 分钟。

10.7 ┃ 大熊星座星云

M 97 PLNNB UMA 11 14.8 +55 01

在梅西耶目录中的四个行星状星云（你能把它们的名字都叫出来吗？）中，M 97（夜枭星云）是最暗的。不过，它的星云内部确实有一些细节，这让它变得很有趣。虽然小型望远镜的主人可以很高兴地发现和观察 M 97,但大型望远镜的用户会去寻找"猫头鹰眼"，即发光中的两个黑暗区域，"猫头鹰眼"是该星云流行的名称。

在 19 世纪中叶建造了世界上最大望远镜的爱尔兰绅士罗斯勋爵（Lord Rosse）是第一个发现"猫头鹰眼"的人。与他的观测有关的过程是一个谜。他提到每只眼睛内都有一颗恒星，但其中一颗恒星在他观测后消失了。我打算利用一个晚上的时间用 72 英寸的望远镜观察一下！

4 英寸的 RFT 里的 M 97 非常暗，在一个很棒的夜晚，在 50 倍的放大率下，它依然很小，呈圆盘状，很平滑，我没有看到黑色的"猫头鹰眼"或任何星星。

使用我建造过的最大的望远镜（18 英寸 f/6）观测，夜枭星云非常明亮，相当大，呈现圆形，在没有 UHC 滤光片的 100 倍放大率下，中间部分稍微亮一些。使用 165 倍放大率搭配滤光片，"猫头鹰眼"会随着视宁度的变化而变化，在眼睛之间有一个明亮的部分，其中包括一颗中心恒星。UHC 和氧 III 滤光片都使猫头鹰星云的尺寸大了很多。我估计滤光片使 M 97 可见部分增大了大约 50%。外层的星云比其主要特征更模糊，但它可以被直接观察到。

10.8 | M 101 中的河外星系星云

到目前为止，这本书中详细描述的所有星云都在银河系内，而且相对较近，在最大的宇宙尺度上。我们再往更远的地方看大熊座的螺旋星系 M 101。

所有这些弥漫星云都位于 M 101 的旋臂中。大部分是罗斯勋爵在爱尔兰用他的巨型望远镜发现的。虽然研究其他星系的 H II 区域需要望远镜有足够大的口径，但当你意识到你正在观测的是什么时，你也会觉得非常有趣：一个巨大的猎户座星云或船底座伊塔星云，距离我们数百万光年。我们确实生活在一个迷人的宇宙中。

我观察到 M 101 旋臂里的 4 个星云是成对的，彼此相邻。因此，我将以这种形式来讨论它们。

NGC 5447 GX+DN UMA 14 02.5 +54 17
NGC 5450 GX+DN UMA 14 02.5 +54 16

NGC 5447 和 5450 离得非常近。在视宁度评分为 7/10、透明度为 9/10 的夜晚，这两个星云看起来非常暗淡，非常小，而且非常细长（长宽比为 2.5∶1）。余光观察下它们更容易被看到。这是用我的 Nexstar 11 在 200 倍率下观察到的。使用 A. J. 克雷恩的 14.5 英寸望远镜和 8.8 毫米超广角目镜可以更容易地看到这两个星云，它们被一条细长的暗带隔开，大约 10% 的时间可以看到这条暗道。用鲍勃·凯普尔在得州追星派对上的 22 英寸牛顿望远镜观察，这两个星云非常明亮，非常小，长宽比为 3 : 1。
在更大的望远镜镜中，暗带在 200 的倍率下能稳定看到。

NGC 5461 GX+DN UMA 14 03.7 +54 19
NGC 5462 GX+DN UMA 14 03.9 +54 22

在评分为 7/10 的夜晚使用 Nexstar 11 观测，这两个天体都能
在 200 倍率下被看到。然而，观测 NGC 5461 比较困难，从来没
有稳定看到过它。在这一晚，NGC 5462 是 M 101 旋臂中最亮的
光点。

用 A. J. 克雷恩的 14.5 英寸望远镜和 8.8 毫米目镜观测，
NGC 5461 表面亮度较低，似乎更多星都位于旋臂中。NGC 5462
非常明亮，非常小且细长（长宽比为 2.5 : 1），中间更亮。NGC
5462 有些斑驳，用眼角余光法可以看到可见部分变大了。

第十一章

北半球夏季（南半球冬季）星云

最精彩的部分当然要最后出场。在北方的夏季，银河系的中心远在地平线之上，这是观测天蝎座和射手座的最好季节，这两个星座都有大量的星云气体和尘云可供观赏。不要忽视较小的星座：例如，南冕座和狐狸座有几个非常好看的星云，值得你在夜空下花一些时间进行观测。

11.1 ┃ 天鹰座星云

NGC 6751 PLNNB AQL 19 05.9 −06 00

尽管在过去的几年里，我已经观测过这个天体好几次了，但我从来没有用中小口径的望远镜去观测过它。这里我借用 A. J. 克雷恩的观测笔记，他是我近 25 年的观察伙伴。他的 8 英寸（200 毫米）f/6 望远镜已经陪伴他观测了很多年。关于 NGC 6751，A. J. 说它非常暗，只有 12 等，在 15×13 双筒望远镜中只有几角秒的大小。这个小星云位于壮丽的银河场中。

我对 NGC 6751 观测的笔记从我的星特朗 Nexstar 11 开始。那是一个天气不好不坏的夜晚，我给那晚天气打了 6 分（满分 10 分）。在 22 毫米的全景目镜里它只是一个小点。用 8.8 毫米的超广角目镜将倍率提升到 320 倍后，它非常亮，但仍然非常小，略呈椭圆（长宽比为 1.2∶1）。在高倍率下，中心恒星约在 20%

的时间能见到。这个小星云看起来像一个浅绿色的圆盘，飘浮在一个相当密集的星场中。观测者从未将其认定为环形。这个天体中心恒星的星等为13.3，很高兴能用我的新望远镜观测到它。

在13英寸牛顿望远镜的视野下，它相当大且明亮，在135的倍率下稍显椭圆，呈绿色。这是一颗非常漂亮的行星状星云，在270的倍率下能看到它的中心恒星。用头巾遮住我的头再观察，可以看出中心的星星非常暗，但我可以稳定地看到它。在220倍率下，该星云的东部边缘有一颗星等相近的恒星。在一个视宁度8分、透明度9分的晚上，我在亚利桑那州中部的山脉观测。在这个特殊的夜晚，这个天体在我看来是天鹰座最好的观测目标之一。

在2005年的得州追星派对上，一位名叫吉姆·克里斯滕森的绅士让我和他用他的25英寸f/5望远镜一起观测。我给那晚的评分是视宁度 = 7、透明度 = 8，非常棒的夜晚。在11毫米的目镜下，这颗行星状星云非常明亮，又大又圆，中心恒星持续可见。它有一个模糊的星云外壳，只能用眼角余光法看到。在斜视和直视之间来回变换，外部暗淡的辉光时隐时现。加入一个氧III滤光片会让天体的圆盘变得更大，所以外部星云的一些部分在插入滤光片后持续可见。在不用滤光片的时候观察，这个圆盘是浅绿色的。

NGC 6804 PLNNB AQL 19 31.6 +09 14

用13英寸望远镜在135倍率下观测，这片行星状星云又大又亮，有点像彗星。使用200倍率观察，有一颗恒星在彗星形状的顶端，另一颗较暗的恒星在边缘。在高倍率下这是一个很漂亮的天体。在更好的观测条件下，使用望远镜以 220 倍率观察，星云中有 4 颗恒星，其中 1 颗在东侧边缘，大约是 12 等。通过余光观察可以看到星云变长了，这颗相当明亮的恒星也使星云看起来像彗星一样。正眼观察，这个行星状星云呈现圆形。当视线从直视转变成侧视时，它的形状会改变，我称它为"闪烁的行星"。你自己也试一试。使用 UHC 滤光片后，所有这些有趣的东西都消失了，但它确实使星云更加明显。

B 142-3 DRKNB AQL 19 40.7 +10 57

这个迷人的暗星云区域距离我们大约 2000 光年。它非常暗，完全挡住了其背后的恒星。因此，这个暗星云在黑暗评级中得到了 6/6 分的满分。因为这两个星云的组合形成了一个大写字母 E，所以通常被称为"E 星云"。它是银河中最明显的黑色斑纹之一。大约 100 年前，E. E. 巴纳德通过摄影发现了许多这样的黑色区域。在文字游戏方面，我有一种相当敏锐的幽默感。我的一些朋友称之为疯狂，但我才不在乎他们的意见。总之，我觉得一个名字首字母是"E. E."的人发现了一个绰号为"E 星云"这件事很有意思！

好了，不说这些奇怪的事了。这片天区的景色提醒了我为什么要换上 4 英寸（100 毫米）f/6 折射望远镜。一台个优秀的 RFT（富场望远镜），短焦距可以得到美丽银河的广域视野。4 英寸的 22 毫米全景目镜里能看到 B 142 有一个向西的黑色手指状特征，非常突出。西侧没有恒星，但在东侧可以看到 4 颗非常暗淡的恒星。B 143 呈一个黑色拱形，南端更加明显。有几条细长的暗云指向北面和西北面。在一个适合观测的夜晚，这个天体一定能让你惊叹。

几年前我也用 6 英寸 f/6 马克苏托夫 – 牛顿望远镜和 22 毫米全景目镜观测它时发出了一声赞叹。这个拥有许多暗带的暗星云布满了视野。没有星星会闯入这片最黑暗的区域，巨大"E"的四周都是银河星场。这是天空中非常迷人的一个天区，明亮丰富的恒星场与星云形成的黑色分支相互映衬，吸引我一季又一季不间断地观测这个地方。

11.2 ｜ 天坛座星云

NGC 6188 BRTNB ARA 16 40.1 -48 40
NGC 6193 OPNCL ARA 16 41.3 -48 46

　　这是天空中照片效果比裸眼观察更好的区域之一。它是一个疏散星团（NGC 6193），有一片星云（NGC 6188）与它相关联。这两场观测都是在澳大利亚进行的。

　　我第一次观察 NGC 6188 和 6193 是在昆士兰州埃尔斯米尔小镇附近的吉姆和琳恩·巴克利家的后院。通过 5 英寸（120 毫米）折射望远镜，可以看到星团里有 8 颗星，其中有一对双星。星云很暗。用余光观察可以看到复杂星云和暗星云之间的线条。

　　在梅登威尔天文台，使用 14 英寸（256 毫米）SCT 和一个 40 毫米目镜观测，可以看到星团中有 12 颗恒星，包括一对明亮的双星，2 颗都呈纯白色。星云表面亮度低，明暗之间有一条线。加入 UHC 滤光片可以提升画质，但这本就不是一个明亮的物体。用余光观察，我能隐约看到黑色的"象鼻"，它们蜿蜒伸展到银河系的各个方向。

11.3 仙王座星云

NGC 7023 CL+NB CEP 21 00.5 +68 10

在第六章中，我们提到了反射星云数量比其他类型的星云都要少。这是因为其观测角度必须刚好合适，我们才能看到明亮恒星的星光被其出生地的尘云反射。所以我提及这个天体是因为它是最亮的反射星云之一。大部分亮度来自嵌在星云中的 7 等恒星。

使用 13 英寸望远镜在 100 倍率下观测，NGC 7023 又大又明亮，长宽比为 2：1，长轴南北向。这个形状不规则的星云很容易从视场中被认出来。一个画面相当有趣：星云中心部分与中心恒星是分开的。恒星周围有一个黑色的"小甜甜圈"，往外才是星云明亮的光芒。加上 UHC 滤光片使星云可见部分变小了，这个天体的光谱一定很奇怪。星云的外部部分发出暗淡的光。这个星云位于银河内，在很大程度上被暗星云遮挡。

NGC 7129 CL+NB CEP 21 43.0 +66 07

这个天体的 NGC 编号包含这里的星团和星云。在 11×80 双筒望远镜视场里，它只是一个模糊的点。使用 Nexstar 11 望远镜在 125 的倍率下观测，星团非常明亮，非常小，恒星数量很少。在 10 角分的范围内有 6 颗星。星云很暗，很大，形状不规则。在星团中的 6 颗恒星中，有 4 颗与星云有关。余光观察使我们更容易看到星云。200 倍的放大率对星云来说太大了，但我可以看到中心的 2 颗非常暗的恒星，它们在较低的倍率下根本看不见。用眼角余光法观察，星云更加突出。加上 UHC 和氧 III 滤光片虽然无法提升画面质量，但深空滤光片确实提高了星云的对比度。

IC 1396 CL+NB CEP 21 39.1 +57 30
B160 DRKNB CEP 21 38.0 +56 14
B161 DRKNB CEP 21 40.3 +57 49
B162 DRKNB CEP 21 41.1 +56 19

IC 1396 是天空中最大的星云之一，所以这显然是一个 "繁忙" 的区域。它很容易被找到，因为著名的造父四（Mu Cephei）就在星云的北部边缘。该星云距离我们约 1500 光年，其中包含星团特朗普勒 37（Trumpler 37）。因为它的表面亮度很低，所以这个星云只能在天气极好的夜晚才能观测到其细节。

用 6 英寸 f/6 马克苏托夫 – 牛顿望远镜观测，在一个评分为视宁度 = 6、透明度 = 8 的夜晚，我的笔记记录这个星云非常暗淡，非常非常大，形状不规则，最亮的部分在北侧，这些观测都是用 35 毫米目镜和 UHC 滤光片观察到的。除去滤光片后，星云变得更小，更难以观测。我用 14 毫米超宽视场目镜数了下特朗普勒星团中共有 22 颗星。在靠近中心的地方有一组三合星，星团的大部分是由一长串恒星组成的，还有零星的十几颗其他恒星。

使用 13 英寸望远镜在 60 倍率下观测，这个星云非常非常大，非常暗，需要很低倍率的视场才能将其完全容纳。在使用 UHC 滤光片后，能看到一些暗带。然而，倍率提升到 135 倍时，我发现暗带更加明显。Barnard 161 是星系团北侧的一个彗星形状的黑色标志。它无疑是这一复杂天区的暗星云中最明显的。Barnard 160 和 162 位于这个巨大星云的南部边缘。我分不清哪条是哪条，但有一条又宽又暗的暗带从南边伸入星云，我猜这应该就是它们。

11.4 · 南冕座星云

NGC 6726 BRTNB CRA 19 01.7 −36 53
NGC 6727 BRTNB CRA 19 01.7 −36 53
NGC 6729 BRTNB CRA 19 01.9 −36 57
Be 157 DRKNB CRA 19 02.9 −37 08

这整个天区都非常迷人！两个明显的亮星云和一些恒星位于其中。一片巨大的暗星云 Bernes 157 挡住了视野南侧 90% 的恒星，而北侧的 NGC 6723 是一个很大、很明亮的球状星团，其中间部分要明亮得多，很容易分辨出来。这就好像这片区域南部的恒星聚集在星团里，然后留下一片暗星云。

当然，球状星团与这片神奇的星云区域完全没有关系，它们之间的距离有几千光年之远。正如我笔记所记录的那样，NGC 6723 实际上位于人马座。这些星云距离我们约 500 光年远，显然在暗星云的前面。如果我能控制"企业号"星际飞船一个月，这里将是我要去的地方之一。接下来，我将介绍我对一部分丰富而复杂的区域所做的笔记。

用 13 英寸望远镜不使用滤光片，在 100 倍放大率下很容易看到 NGC 6726。它是一颗 7 等的恒星，被一层非常暗淡、非常大的雾包围着。NGC 6726 和 NGC 6727 在低倍率下呈 "8" 字形。在 220 倍放大率且视宁度良好的时候，可以看到它们之间有一条暗带将两个星云分开。

NGC 6729 包含 2 颗恒星，一颗是 8 等，另一颗是 9 等。它们位于一个非常暗淡、非常大的星云中。该星云长宽比为 1.5∶1，方位角 45 度。UHC 滤光片无法提高这两个星云的对比度。

之前的这些观测是在一个最完美的夜晚进行的。A. J. 克雷恩和我在亚利桑那州进行了多年的观测。我们发现，周二或周三的阵雨会净化空气，为我们想要外出观测的周末提供极佳的透明度。观测就是在这样的周末进行的，在高海拔地区天空最清澈。我给出视宁度分数为 7/10，透明度是 10/10（完美）。A. J. 和我都说，如果能爬到莫纳克亚山的山顶，我们就给 11 分！

如果你在澳大利亚，NGC 6729 几乎会从你的头顶正上方经过。在 12 英寸望远镜倍率为 135 倍的视场里，它是一个非常明亮、非常小的彗星状星云，顶端有一颗 12 等的恒星。在南边有一颗暗淡的星星。使用 UHC 滤光片，这个天体变暗了一些，这在观察反射星云时是可以预料到的。

Bernes 157 是我见过的最突出的暗星云之一。在澳大利亚用 12 英寸望远镜配合 30 毫米目镜观测，我在 25 角分宽的视野中只看到了 15 颗恒星。用 12 英寸望远镜观测人马座旁边的星座只能看到 15 颗恒星，这一事实说明一定有一片暗星云挡住了背后的恒星。

11.5 天鹅座星云

NGC 6826 PLNNB CYG 19 44.8 +50 32

NGC 6826 是闪视行星状星云。如果你直接看这个行星状星云,与其他绿色的星云相比,中心的恒星非常突出。余光观察时,星云看起来更亮,甚至亮过恒星。正视和侧视交替观测会产生一种时隐时现的效果,非常迷人。能看到这种天体的机会很少,所以不要错过这个有趣的星云。还有其他几颗行星状星云的恒星亮度和星云亮度比例恰到好处,它们也可以显示出这种效果,但没有一颗像这颗一样明显。

在一个晴朗的夜晚(视宁度 = 6、透明度 = 7),用 6 英寸 f/6 马克苏托夫 – 牛顿望远镜和 8.8 毫米目镜观察这颗行星状星云,它非常明亮,非常大,非常圆,中心有一个恒星核,呈淡绿色。用 5 毫米的镧系目镜提高放大倍率,可以很好地看到闪烁效果。在侧视情况下,它的大小是直视时的 1.5 倍。

在一个适合观测的夜晚,用大卫·弗雷德里克森的 12.5 英寸 f/6 牛顿望远镜观测,这颗行星明亮、巨大,略呈椭圆形,呈绿色。中央的恒星在 180 倍率下很容易被看到,因为它位于银河丰富的星场中。在这个倍率下,闪烁效果很容易看到。直视它,你看到的只是中心恒星周围的一个小星云——看向别处,它至少会膨胀到原来的 3 倍大,这是一种令人着迷的效果。

在得州追星派对上,用吉姆·克里斯滕森的 25 英寸望远镜观察,这颗行星状星云呈闪闪发光的荧光绿色,中间那颗浅蓝色的恒星始终可见，所以用大口径望远镜看不到其闪烁效果。使用 11 毫米的目镜观测，它很明亮且相当大，圆盘和中心的恒星清晰可见。星云中有一片稍微更亮一点的区域，它们被称为 FLIERS——快速低电离发射区（Fast Low Ionization Emission Regions）。用 5 毫米的目镜（635 倍率）在中心恒星 10 点和 4 点方向上有两个表面亮度较低的椭圆形点。这是从星云两极中部喷射出的物质。

NGC 6960 SNREM CYG 20 45.6 +30 43

这是天空中最显眼的超新星遗迹。它是大约 3 万年前一颗爆炸的恒星向太空喷射出的气体和尘埃。在晴朗的夜晚，用双筒望远镜很容易看到帷幕星云（也称"面纱星云"）。

在任何一种望远镜里看，这都是一个令人着迷的区域。使用小型望远镜，广角视野下你能看到美丽的环状发光的星云布满整个视野。这是一个丰富的、布满星星的区域，这颗明亮的超新星遗迹为这片区域的景色平添了许多美感。如果你有一个更大的望远镜，不论目镜制造商的广告如何宣传它的大视场特性，你都无法把整个星云装进你的望远镜视野中。但是，你可以看到星云内部的很多细节，因为旋转的气体卷须形成了宇宙的"太妃糖拉扯"效应（"taffy pull" effect）。

NGC 6960 是面纱星云的一部分，它从明亮的恒星天鹅座 52 后面经过。在 4 英寸的望远镜视场里，面纱不像其他部分（NGC 6992）那么明显。这颗恒星使得在低倍率下更难看到星云的流光。使用 22 毫米全景目镜和 UHC 滤光片更容易看到它。通过滤光片，恒星变暗了，星云则增强了。面纱北部"尖端"的亮度比南部"裂缝"高。

NGC 6992 SNREM CYG 20 56.3 +31 42

使用 22 毫米全景目镜和 UHC 滤光片可以很容易地看到这个著名的天体。4 英寸的 RFT 可以将这片星云完全囊括进视野里。它看起来像一个在富星场里非常细长的流光。星云中有 12 颗恒星。这一侧的面纱星云在我看来就像弯刀的刀刃。

在配有 27 毫米目镜和 UHC 滤光片的 Nexstar 11 上，很容易看到该天体照片中非常突出的弯曲线。当望远镜沿着 NGC 6992 的走势扫过时，星云中明亮的区域是超新星遗迹的区域，比较暗的区域电离程度更高。使用 UHC 和氧 III 滤光片可以显示更多星云的细节。

NGC 7000 BRTNB CYG 20 58.8 +44 20

这是照片上最容易识别的深空物体之一。许多刚起步的天文摄影师都会拍摄天鹅座的广域照片，当胶卷冲洗出来时，他们很高兴地发现他们拍到了"北美洲星云"。我也是。

在晴朗的黑夜里，它在天津四附近，可以用肉眼看到其辉光。我真的怀疑我们是否真的看到了这个星云，在这个区域有很多恒星和星云，我觉得它们都融合在一起了。无论如何，这是一个使用双筒望远镜观察的好地方。一旦你很好地适应了黑暗，即使用我的小 8×42 双筒望远镜，这个星云的形状也会很显眼。这片辉光的大小接近 2 度，有一个非常突出的暗带——林茨暗星云 935——形成了"东海岸"。"墨西哥"也很容易被发现，与星云的其他部分相比，它有很高的对比度，表面亮度更高。

这个目标让我想起了和朋友分享星空的乐趣。几年前，里克·罗特拉姆带着他的 11×80 双筒望远镜和一个新的四脚支架出现在 SAC 的星空派对上。在四脚支架的加持下，双筒望远镜更趁手了。北美洲星云的景色非常好，它的形状刚好填满 11×80 双筒望远镜的视野。黑色的暗带和星云明亮的光芒形成了鲜明的对比。光芒中有许多恒星，星云北部的恒星密度令人着迷——一个超密集的恒星场。如果你有机会使用大号双筒望远镜，一定不要错过它。

使用 4 英寸折射望远镜和 35 毫米目镜并配备 2 英寸 UHC 滤光片，可以看到这是一片非常壮丽的景色。这是一个明亮、超级大、非常不规则的图形（就像"北美洲"一样！），包含 41 颗恒星。东侧切断星云的暗带非常突出，其中有一颗橙色的恒星。星团 NGC 6997 大约位于"底特律"地区，它包含 12 颗非常明亮的恒星，但它有点分散。鹈鹕星云（IC 5070）在视场的边缘很容易被看到。

NGC 7048 PLNNB CYG 21 14.3 +46 17

在 17.5 英寸望远镜 135 倍放大率的视场里，NGC 7048 是一个非常暗、非常小且细长的行星状星云，看起来就像银河系中的一个灰色斑点。在一个良好的夜晚使用 13 英寸望远镜的时候，我说它非常明亮，非常大，星云中心在 220 倍率下会更亮一些。这个天体在 100 倍的倍率下可以被识别出来，但更高的倍率下可以看到一些细节。它是不规则的圆形，呈浅绿色。银河的星场在这个地区非常丰富。看起来，夜晚的质量与这个天体的感知亮度有很大关系。

B 168 DRKNB CYG 21 53.2 +47 12
IC 5146 CL+NB CYG 21 53.4 +47 16

茧状星云及其相关的暗带的照片有很多。我想说的是，这个目标用照片展示出的细节比用眼睛看更震撼，但这并不意味着你应该跳过它。每个观测列表都需要包含一些具有挑战性的天体目标。

用 4 英寸 f/6 RFT 望远镜和 22 毫米全景目镜观察，很容易看到名为 B 168 的薄暗带。茧状星云在如此小的口径下非常暗淡，使用 UHC 滤光片也起不到任何作用。用余光观察，我怀疑在暗带的尽头有一道非常暗淡的光，这是使用 22 毫米全景目镜观测的结果。我尝试使用 14 毫米超广角目镜观测，更容易发现茧状星云，但差不太多。即使是在一个很好的夜晚，这也是一个小口径望远镜难以捕捉的星云。所有这些细节都在银河非常丰富的星场里。

在一个良好的夜晚，我使用 Nexstar 11 和 27 毫米全景目镜观测，看到茧状星云又暗又大，形状不规则，其中有 5 颗星。用眼角余光法观察可以显著提高对比度。在星云内部有一个薄薄的黑色印记。茧状星云位于一条非常简单的暗带尽头。我给这个夜晚的评分是视宁度 = 7、透明度 = 9。UHC 滤光片无法提升这个天体的对比度。我看过著名的深空观测者史蒂夫·戈特利布的观测结果，他说他使用氢 β 滤光片后对比度有所增加。这种氢 β 滤光片可能就是我将用这本书的稿费来购买的东西之一。

11.6 ┃ 天琴座星云

M 57 PLNNB LYR 18 53.6 +33 02

环状星云可能是天空中最著名的行星状星云。使用 4 英寸望远镜配合 27 毫米的全景目镜，很容易看到它不是一个恒星。尽管它很小，但它是富恒星场的视野里的椭圆点。用 8.8 毫米目镜提高放大倍率，可以很明显地看到它呈环形。环形盘长宽比为 1.8∶1，中心呈深色，侧视时更明显。

使用 Nexstar 11 在高倍率下观察会看到一层薄雾状物质充满环状星云。约翰·赫歇尔说，这对他来说就像"蒙上的纱布"，我同意这个说法。用 6.7 毫米的目镜观测，效果很明显。位于指环中心的那颗星不是一个稳定的光点，它偶尔会向我眨眨眼。我估计我看到中心恒星的概率是 5%。添加氧 III 滤光片增强了环状星云的辉光，但中心恒星在加入滤光片后就看不见了。

20 多年前，仙人掌天文俱乐部帮助亚利桑那州基特峰天文台的工作人员通过了限制户外照明的立法。作为对我们帮助的回报，我们得到了用 36 英寸 f/7.5 望远镜 2 个小时的观测时间。对于我们这些爱好者来说这是难得的机会，即使望远镜操作员的学生也没这样的机会，因为他从来没有机会只用望远镜观察而不是拍摄图像。我们意识到视野会很小，所以我们需要选择适合的目标，环状星云是观测列表上的第一个。每天晚上使用的旧 25 毫米凯尔纳目镜观察目标肯定不行，但即使这样我们也能看到不错的景色。我把旧目镜换成了全新的 16 毫米研究级爱勒弗目镜，这使望远镜放大倍率达到了 427，环状星云的景色处于最佳状态。环状结构是暗绿色的，中心恒星有 40% 的时间可见。环形内的星云很容易辨认，并且在侧视时变得更加清晰。在视宁度好的时候，会有细指状的暗带向内指向中心的恒星。环状星云的大小大约是这台望远镜视野的 1/3。我们叫它"巨大的绿色甜甜圈"。这是一个值得纪念的夜晚！

11.7 蛇夫座星云

B 59, 65-7 DRKNB OPH 17 21.0 -27 00

如果你还没怎么观测过暗星云，这是一个很好的起点。如果你在光污染少的地区旅行或生活，那这个目标是一个肉眼可见的暗星云，就在大人马座恒星云的北部。它看起来像一个黑色的烟斗。从北温带地区观察，可以看到它的斗钵壁朝向左，而口柄朝向右，指向天蝎座。这片天区有几个巴纳德编号，但烟斗本身主要是 B 59。LDN 是林茨暗星云表的缩写，整个烟斗星云在贝弗利·林德博士的星表中的编号是 1773 号。

因为这是一个巨大的暗星云，所以需要广阔的视野来欣赏这个区域。犹豫了一下之后，我决定买一副好的双筒望远镜。多年来，我一直带着这副 75 美元的 10×50 的双筒望远镜。后来我把它扔掉了，这似乎是一个重新考虑购买双筒望远镜的好时机。我花了 300 美元买了一副 8×42 的双筒望远镜，自我买了猎户座萨凡纳 8×42 双筒望远镜后我一直很开心，且一直很小心地使用它。

使用 8×42 双筒望远镜观测，视野中的景色绝对令人着迷。在这片天区中，明暗交错的特征能表明暗星云位于大量恒星的前面。有一条恒星组成的曲线勾勒出了烟斗口柄，暗星云内部包含了一些 8 到 9 等的恒星。有几处地方，暗带从烟斗口柄伸出，蜿蜒进入附近丰富的星场。

4 英寸 f/6 RFT 就是为这样的画面量身打造的。使用 22 毫米全景目镜可以看到非常棒的景色，深色的印记和星空背景形成强烈的对比。勾勒出烟斗口柄的恒星显而易见，而暗星云整体是由彼此靠近的几个黑暗区域组成的。几条暗带向北延伸，更明显地指向南部的口柄。B 59 是烟斗口柄的尖端，我看到它又黑又大，向南北方向伸展，也就是说，它是"穿过"烟斗的口柄。

B 63 DRKNB OPH 17 16.0 −21 23

几年前，当理查德·贝里还是《天文学》杂志的编辑时，他看着这一地区的一张照片说："它看起来像一匹黑马。"果然，在黑暗的地方用双筒望远镜观察，你可以看到烟斗星云是它的后腿，蛇形星云（B 72）是它的肚脐，这个区域有两条马前腿，前腿向上抬起，就像马在腾跃。

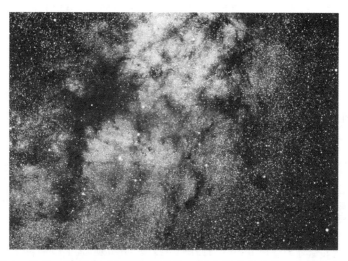

图 11.1 这是一张整个"黑马"的照片。烟斗星云在左边，它是后腿。跳跃的腿是 Barnard 63，在这个画面的右边。这张照片是我拍的，使用 135 毫米镜头曝光 15 分钟。

在一个我评价视宁度 = 6、透明度 = 7 的夜晚，使用 4 英寸 f/6 望远镜观察，这是一个巨大的椭圆形暗星云。用我新买的 13 毫米猎户座目镜可以看到，在中心区域，大约 1 度 × 0.5 度的区域内没有星星，这是幅令人惊叹的景象。"黑马"的整个区域都呈现出迷人且对比强烈的明暗纹理。

11.8 ᛜ 人马座星云

M 8 CL+NBSGR 18 03.7 −24 23

在迷人的银河中，礁湖星云是一个很容易被观测到的目标。当你眺望银河系中心时，几乎借助任何光学辅助设备都能看到大量的细节。M 8 距离地球约 5000 光年。

礁湖星云是银河系中肉眼可见的亮点，即使在一个普通的夜晚也能观测到。在 8 × 25 双筒望远镜的视场中，这个天区非常壮观。礁湖星云和三裂星云在同一个视场中，星链和暗带蜿蜒贯穿整个视场。小双筒望远镜可以看到 3 颗恒星在礁湖星云的光芒中，呈东西向，长宽比为 2∶1。礁湖的东侧比较明亮，使用 10 × 50 双筒望远镜可以看到 8 颗恒星，其中一半聚集在东侧。用眼角余光法观察，星云变得更大。银河中黑暗的裂谷显然位于这片星云的背后。

在远离城市灯光的夜晚，使用 13 英寸望远镜，在 60 倍的放大率时，M 8 是一个非常明亮、非常大、有点紧密的、伴随大量云雾的星团。我说我将用我第一本书的一些收益来买一个 35 毫米的全景目镜，这是我第一次用那个"新玩具"。1 度的视角里，星云占视野的 80%，使得因礁湖星云得名的那片暗带也很明显。星团内有 40 颗恒星，星云外围还有另外 50 颗恒星，10 颗星在暗带内。有 2 颗明显的 9 等星从星团穿过黑暗的"礁湖"主体部分，两者中最南端是人马座 9。把望远镜移到恒星的西边就是星云最亮的部分，它被称为"沙漏"。这个别名很合适，因为在

200 倍放大率时，辉光确实呈沙漏形状。

加入 UHC 滤光片后，星云的大小增加了 1.5 倍。然而，我不喜欢使用 UHC 滤光片的画面，因为它使可爱的光芒中包围的恒星变暗了，而这正是这片天区的主要美丽之处。当然这只是我的看法。

M 20 CL+NB SGR 18 02.7 −22 58

几年前，我的朋友柯特·泰勒去世了。他是月球和行星观测的狂热爱好者。偶尔，我会催促柯特出城和我一起看一些深空天体。当 6 英寸 f/6 马克苏托夫 – 牛顿望远镜还是全新的时候，我们从凤凰城跑了 50 英里去看它能做什么，三叶星云（也叫三裂星云）是我们观测到的星云之一。在 6 英寸的望远镜配合 14 毫米超广角目镜且不插入滤光片的情况下观测，三裂形状很明显。星云中有 10 颗恒星，在这个明亮的、巨大的、不规则的图形中很容易看到暗带。双星 HN 40（HN =Herschel Number，赫歇尔星表的编号）很容易认出来。在 165 倍率下，这颗星变成了 3 颗星，2 颗黄色的星和 1 颗浅蓝色的星嵌在三叶星云中。

记住，三叶星云有两部分：一个是有暗带的南部发射星云，另一个是北部的反射星云。加入 UHC 滤光片后，反射星云的大小减少了一半，使其更加暗淡。然而，插入滤光片后，发射星云对比度有所增强。反射星云中相当明亮的恒星是浅橙色的。发射和反射部分有不同的"质地"。反射区域是光滑的，发射区域是粗糙的，就像月球地形上的凸起或小山丘。这让我想起了和我们一起看月亮的柯特。

M 17 CL+NB SGR 18 20.8 −16 11

这片星云一直是我的最爱。当射手座、天蝎座、天鹅座和天蝎座在地平线之上时，其实有很多目标可以观测，但我发现自己经常回头观测这片星云。M 17 及其周围有很多值得看的东西。就星云而言，只有猎户座星云（M 42）和船底座伊塔星云（NGC 3372）比 M 17 更亮。此外，当你更换望远镜、目镜和滤光片时，这个迷人的天体的轮廓会随之改变。NGC 的描述包括"eiF"，意思是"极其不规则的图形"（extremely irregular Figure）。这就是为什么对该目标应用了几个不同的别称。这是你做笔记的好机会。花点时间在这个天体上，欣赏它真正的美。

在一个视宁度和透明度都为 6/10 的好夜晚，我使用星特朗 Nexstar 11 来测试几种类型的滤光片观测 M 17 时的效果。使用 22 毫米的全景目镜且不装配滤光片，可以看到明亮的"勾号"部分非常明显，2 条暗带穿过"棒状"的区域。2 个模糊的星云斑块是星云外环的一部分，但我没有看到整个"欧米伽"特征。添加宽带深空滤光片可以使星云的许多细节更加清晰可见。这使得星云的对比更加鲜明，穿过"勾号"的暗带更加突出。暗淡的拱形星云形成了"欧米伽"形或马蹄形，在较暗的背景下很好地凸显了出来。这一切都没有改变视场的恒星颜色。我很喜欢这样。通过 UHC 滤光片看到的星云数量与深空滤光片看到的相似，但背景对比度更好。UHC 确实过滤掉了许多场星，这当然提高了对比度，但也失去了很多。现在在氧 III 滤光片下，这片天区很黑，恒星和星云寥寥无几。我们所看到的星云部分的对比非常鲜明，但是星云外围模糊的部分并没有那么大。记住，我们在这玩得开心就好，每个人看到的景色都有所差别，没有谁对谁错。

使用汤姆·克拉克后院的 36 英寸 f/5 多步森望远镜，在一个我评分视宁度 = 7、透明度 = 8 的美好夜晚，这个美丽的星云美不胜收。通过 20 毫米的目镜和 UHC 滤光片，它显示的细节与在帕洛玛山上 200 英寸望远镜拍下的任何一张照片相差无几。其中能看到 27 颗恒星，暗带将明亮的"勾号"切成几段，星云的许多亮区从星云的中心伸展开，延伸到银河里。2 条可爱精致的星链位于"天鹅的头部"，其中包括一颗美丽的橙色恒星，我称之为"天鹅之眼"。

在去澳大利亚的旅行中，我花了几分钟才找到 M 17！我已经习惯了从地平线往上寻找目标天体——人马座恒星云、礁湖星云、小星云，然后是 M 17。但是，从昆士兰来看，这个星云位于小人马座恒星云的下方，我花了两三分钟才辨认出方位。

在 12 英寸 f/15 卡塞格林望远镜配合 30 毫米目镜的视场里，M 17 的风景非常美丽。天鹅身上的黑色斑纹看起来像理发店双色旋转招牌。插入 UHC 滤光片，可以看到模糊的星云外围比视场大。这些星云的细丝等结构已经超出了低倍目镜的视场，一个专心的观测者可以花很多时间在这里细致观察这些结构。

NGC 6445 PLNNB SGR 17 49.3 −20 01

使用 6 英寸的牛顿望远镜和 22 毫米的全景目镜观察，这个星云非常暗，非常小，呈圆形，中间并不明亮。这个行星状星云位于一个亮度相同的球状星团的"上方"，但球状星团的大小是它的两倍。转到 8.8 毫米的目镜观察，它依旧相当模糊，但现在它有了一定的大小，长宽比为 2：1，方位角 135 度。

在 13 英寸望远镜 200 倍放大率的视场里，这个行星状星云非常明亮，非常大，呈一个长方形盒子形状。这个星云的外缘比中心更亮，附近有一对白蓝双星。当倍率提高到 330 倍时，望远镜里可以看到 2 个"极帽"在一个长边的两个端点（长宽比为 1.5∶1，PA=135 度）。皮埃尔·施瓦尔称这个星云为"微型哑铃星云"。它确实和英仙座中的 M 76 小哑铃星云有些相似。

B 84 DRKNB SGR 17 46.5 –20 11

Barnard 84 及其周边天区是一片丰富的恒星场。在 4 英寸 RFT 折射望远镜和 22 毫米全景目镜的视场中，视野完全被星点淹没。B 84 在所有这些恒星前面是一个明显的黑色印记。我看到它是不规则的圆形，在北部边缘有一颗非常明亮的恒星。致密的球状星团 NGC 6440 位于视场的边缘。

在 Nexstar 11 的 27 毫米全景目镜的视场中，这个深色区域呈椭圆形，椭圆的中心有一对双星。在黑暗区域边缘的那颗恒星是淡黄色的，在那颗恒星的对面，有几条细长的暗带向北和向西延伸，进入丰富的银河星光中。

B 86 DRKNB SGR 18 02.7 –27 50

B 86 是一个黑暗的巴纳德星云，紧挨着疏散星团 NGC 6520。这个黑色的印记呈沙漏状，使用 100 倍率的 13 英寸望远镜观测，它的大小约 5 角分。视场里有一颗可爱的橙色恒星。不要错过这个非常好的观测目标，因为它是银河系中一个非常明显的黑色椭圆形，多年来我一直听说它被称为"墨点"。

11.9 ╏ 天蝎座星云

NGC 6337 PLNNB SCO 17 22.3 −38 29

这是一个表面亮度较低的行星状星云，位于天蝎座尾部毒刺星附近的富星场区域。

使用 4 英寸 f/6 望远镜和一个带有 UHC 滤光片的 14 毫米目镜观测，星云在这个口径的望远镜里会因视宁度的改变而若隐若现。它可以在 50% 的时间内被看到，是银河中天蝎座一个表面亮度很低的小点。这次观测是在视宁度和透明度皆为 6/10 分的夜晚进行的。

在比较好的夜晚使用 Nexstar 11 观察，这个星云非常小，非常模糊，形状不规则。即使在低倍率下它也非常暗淡模糊，用眼角余光法可以看到它。那次观测使用的是 22 毫米目镜，没有使用滤光片。换到没有滤光片的 14 毫米目镜后，显示这个天体由 2 片瓣状区域组成。左边有一颗星位于其中，而右侧较暗，其中有一个恒星亮点，比星云的其他部分更明显。两瓣之间的连接在没有滤光片的时候看不到。加入 UHC 后将使一切变得不同。现在星云是环状的，用肉眼可以稳定看到环形结构。右边比较亮，但整体上星云还是很暗的。由于滤光片提高了星云的对比度，左边的恒星现在已经看不见了。

使用杰伊·勒布朗天文台的 32 英寸 f/4 望远镜可以看到这是一个可爱的环形行星状星云。大口径可以看到环中 2 颗非常明亮的恒星，黑色的环心有 1 颗暗淡的中心恒星。

IC 4628 BRTNB SCO 16 57.0 −40 27

在我看来，这个星云是天空中最迷人的区域之一。十年来，我一直听说它被称为"天蝎座之桌"，从肉眼可见的中央大桌腿看，就像老木桌的设计。它包含几个不同类型的疏散星团，北部边缘有一个暗星云和暗淡的发射星云。在这片丰富的天区中有很多东西值得观测。

在一个美好的夜晚（视宁度 = 7，透明度 = 8），使用 4 英寸 f/6 RFT 配合 22 毫米全景目镜观测，这个星云在没有 UHC 滤光片的情况下几乎看不到，它只能通过眼角余光法看到。添加 UHC，星云更容易被看到，但依然非常暗淡，非常大，长宽比为 2.5∶1，包含 16 颗恒星。使用氧 III 滤光片增加了星云的对比度，但实际上使天空变暗，并过滤掉了许多恒星。Barnard 48 是 IC 4628 南边的一个暗星云。如果没有滤光片，在 4 英寸望远镜的视场中是看不见它的，因为它的对比度太低，加入 UHC 滤光片能使其突出。现在，发光星云的南侧更加突出，它被那一侧细长的暗带截断。

在澳大利亚用 11×80 双筒望远镜观看"天蝎座之桌"，美不胜收。大双筒望远镜完美地覆盖了这个区域，从一边的 Zeta 1+2 到另一边的 Mu 1+2 Sco。NGC 6231 是一个非常紧密的疏散星团：12 颗恒星位于星团中，另外 20 颗恒星在它周围形成"喷雾"。Trumpler 24 位于北部，是一个更分散的星团，可以看到它有 12 颗恒星，中间有一条暗带。Barnard 48 是一片星星稀少的天区。当我只用手拿着大双筒望远镜观察时，看不到星云。我俯身在穹顶的开口上，用胳膊肘撑着穹顶的边缘，现在能看到星云只是 Trumpler 24 北边的一团朦胧的薄雾。澳大利亚人称这片区域为"假彗星"，我同意这个说法，因为用肉眼看，它确实像一颗有明亮头部的 4 等彗星。

11.10 ┃ 狐狸座星云

M 27 PLNNB VUL 19 59.6 +22 43

哑铃星云是梅西耶星表中最亮的行星状星云，也是天空中最亮的星云之一。

使用 4 英寸望远镜和 27 毫米的全景目镜，很容易看到它是一个小而明亮的盒子状星云。这个天体的表面亮度比环状星云高得多。使用 8.8 毫米的目镜可以立即看到中间的"苹果核"或"哑铃"，小口径望远镜只能看出 2 颗恒星。眼角余光法可以看到在明亮的哑铃形状之外有些模糊的外层星云。

使用 Nexstar 11 望远镜和一个 14 毫米的目镜观测，可以看到其中有 7 颗恒星，最后 2 颗非常暗淡。在晴朗的夜晚，星云的外层很容易被看到，用眼角余光法可以准确无误地找到它们。该星云非常明亮，相当大，长宽比为 1.5∶1，核心的表面亮度高，四周被较弱的发光部分环绕，整体呈淡绿色。加上 UHC 或氧 III 滤光片后观察，外层星云的对比度更加明显。使用滤光片后，星云中心部分似乎被填充了，使哑铃星云接近圆形。

许多年前，在加州的河畔望远镜制造商大会上，科视达公司员工开车穿过美国，架设了 Questar 12——一台制作精良的 12 英寸 f/15 马克苏托夫望远镜。和许多大型马克苏托夫望远镜一样，它需要很长时间才能冷却下来。

到了午夜，望远镜中的景色非常棒。用 15 毫米的目镜在 180 倍率下观测，哑铃星云呈现出美丽的浅绿色，让你确信你所看到的是一个发光的气体云。星云中有 12 颗恒星，还有斑驳的纹理，有点像猎户四边形星团旁边的猎户大星云。这些明暗相间的斑纹贯穿了整个星云的表面。真是用令人难忘的望远镜欣赏令人难忘的风景。

/ 第十二章 /

星云只是开始

这是本书的最后一个章节。我撰写本书的时候心情非常愉快，我希望你也读得愉快。

　　我强调一下，你从这本书中了解到的技巧对你所有的观测都是有用的。例如，不要认为眼角余光法只有在观察星云时才有效。举个例子，比如观测球状星团时，当你把眼睛从正视转到侧视来观察时，许多球状星团的形状就会发生变化。直视能让你更好地观察到核心内部的细节，而侧视则能让你看到那些美丽的星周星云等特征，使这些巨大的星团在望远镜中变得更加巨大。

　　这只是一个例子，我鼓励你去探索更多的天体。但一定要记得制定一个观测列表，使用各种倍率的目镜组合，并对你所看到的景象做一些笔记。如果你做到了这些，我保证你会从观测中学到很多。

　　而且，这本来就是件有趣的事情。成为一名业余天文学家不是竞赛或比赛，只是一个让你看到宇宙所有闪耀瞬间的机会。

　　希望各位观测时天空皆万里无云。

　　　　　　　　　　　　　　　　史蒂文·科

附

录

天体名称	别名	类型	星座	赤经	赤纬	星等	最大尺度	最小尺度	分类	最亮星星等	描述及备注
NGC 206		星系中的星云团	仙女座	00 40.5	+40 44	/			Pec		vF, vL, mE 0度; 星云位于 M 31南侧末端
NGC 7662	PK 106-17.1	行星状星云	仙女座	23 25.9	+42 32	8.6	17 s	14 s	4(3)	14	!!! 行星状星云或换装星云, vB, pS, R; 蓝雪球星云
PK 308-12.1	He2-105	行星状星云	天燕座	14 15.5	-74 13	12	35 s				
PK 315-13.1	He2-131	行星状星云	天燕座	15 37.2	-71 55	11.8	4.9 s			10.9	
B127, 129-30		暗星云	天鹰座	19 01.6	-05 26	/	20 m	5 m	5 Ir		弯曲的; 位于12 天鹰座北面
B132, 328	LDN 567	暗星云	天鹰座	19 04.1	-04 28	/	16 m	8 m	6 Ir		天鹰座 Lambal向北延伸40度
B133	LDN 531	暗星云	天鹰座	19 06.1	-06 50	/	10 m	3 m	6 Co G		在天鹰座 Lamba 以南2度的盾牌星云上
B134	LDN 543	暗星云	天鹰座	19 06.9	-06 14	/	6 m		6 C G		天鹰座 Lambal南侧1.4度
B135-6	LDN 581	暗星云	天鹰座	19 07.4	-03 55	/	50 m	30 m	6 Ir		沿着天鹰座 Lambal 向北 1 度
B137-8	LDN 627	暗星云	天鹰座	19 15.6	+00 13	/	180 m		3 Ir		较长; 盾牌星云上的暗带
B139	LDN 619	暗星云	天鹰座	19 18.1	-01 28	/	10 m	2 m	5 E G		B137-8南端
B142-3		暗星云	天鹰座	19 40.7	+10 57	/	80 m	50 m	6 Ir		3 度, 向北的窄暗带指向河鼓二
B334, 336-7		暗星云	天鹰座	19 36.8	+12 27	/	40 m	5 m	4 Ir		2度, 向北指向B142-3
B335	LDN 663	暗星云	天鹰座	19 36.9	+07 34	/	4 m		6 E G		3.5 度, 指向河鼓二以南 1.2 度
IC 4846	PK 27-9.1	行星状星云	天鹰座	19 16.5	-09 03	12	2 s		2	13.7	恒星
NGC 6741	PK 33-2.1	行星状星云	天鹰座	19 02.6	-00 27	12	9 s	7 s	4	14.7	行星状, 恒星; 幻纹星云
NGC 6751	PK 29-5.1	行星状星云	天鹰座	19 05.9	-06 00	12	20 s		3	13	pB, S; 环形
NGC 6781	PK 41-2.1	行星状星云	天鹰座	19 18.5	+06 32	11.8	111 s	109 s	3b(3)	16.9	F, L, R, vsbM 圆盘; 河鼓二对面的暗带
NGC 6790	PK 37-6.1	行星状星云	天鹰座	19 23.0	+01 31	11.4	2 s		2	16.1	B, eS, stell = 9.5 m
NGC 6803	PK 46-4.1	行星状星云	天鹰座	19 31.3	+10 03	11	4 s		2a	14	恒星
NGC 6804	PK 45-4.1	行星状星云	天鹰座	19 31.6	+09 14	12.4	63 s	50 s	4(2)	14.1	cB, S, iR, rrr

天体名称	别名	类型	星座	赤经	赤纬	星等	最大尺度	最小尺度	分类	最亮星星等	描述及备注
PK 31-10.1	M3-34	行星状星云	天鹰座	19 27.1	-06 35	12.4	6.0 s	5.1 s	2	14.6	
PK 32-2.1	M1-66	行星状星云	天鹰座	18 58.4	-01 04	13	<5? s		1		
PK 37-3.2	Abell 56	行星状星云	天鹰座	19 13.1	+02 53	12.4	188 s	174 s	4		
PK 39-2.1	M2-47	行星状星云	天鹰座	19 13.6	+04 38	13	9.7 s	6.9 s	2		
PK 45-2.1	VY 2-2	行星状星云	天鹰座	19 24.4	+09 54	12.7			1	13.7	eF, pS, E, nBM 165倍率, 2 vF* invol
PK 47-4.1	Abell 62	行星状星云	天鹰座	19 33.3	+10 37	13	161 s	151 s	2c	18.2	pF, vS, R, BM 165倍率, 眼角余光法有效
PK 52-2.2	Merrill 1-1	行星状星云	宝瓶座	19 39.1	+15 56	11.8	3 s		4		
PK 52-4.1	M1-74	行星状星云	宝瓶座	19 42.3	+15 09	12.9	9 s		1		
NGC 7009	PK 37-34.1	行星状星云	宝瓶座	21 04.2	-11 22	8.3	28 s	23 s	4(6)	12.9	!!!! vB, S, 椭圆形; 土星状星云
NGC 7293	PK 36-57.1	行星状星云	宝瓶座	22 29.6	-20 50	6.3	960 s	720 s	4(3)	13.5	!, pF, vL, E or biN; 螺旋星云
IC 1266	PK 345-8.1	行星状星云	天坛座	17 45.6	-46 05	12.3	13 s		4	11.1	恒星, 气态皮克林光谱
IC 4642	PK 334-9.1	行星状星云	天坛座	17 11.8	-55 24	12.4	15 s		4	13.6	恒星
NGC 6188	ESO 226-EN19	明亮星云	天坛座	16 40.1	-48 40	/	20 m	12 m	E+R		F, vL, vlE, B* inv; 内含星团 NGC 6193 和triple* h 4876
NGC 6326	PK 338-8.1	行星状星云	天坛座	17 20.8	-51 45	12	15 s	10 s	3b	13.5	pB, vS, R
PK 336-6.1	Peimbert 14	行星状星云	天坛座	17 06.3	-52 27	12.6	8 s	6 s		14.8	
PK 342-6.1	Canon 1-4	行星状星云	天坛座	17 27.9	-46 56	12.9	<10 s		4		
PK 342-14.1	Shapley 3	行星状星云	天坛座	18 07.4	-51 03	11.9	36 s				
B 26-8		暗星云	御夫座	04 55.2	+30 35	/	20 m		6 Ir		AB Aur 附近的几片小星云
B 29		暗星云	御夫座	05 06.2	+31 44	/	10 m		6 C		南面1.2度和2度伴随 Z Aur
B 34		暗星云	御夫座	05 43.5	+32 39	/	20 m		4 C G		2度延伸至星团 M 37

天体名称	别名	类型	星座	赤经	赤纬	星等	最大尺度	最小尺度	分类	最亮星星等	描述及备注
IC 405	LBN 795	明亮星云	御夫座	05 16.5	+34 21	10	50 m	30 m	E		* 6.7 w pB, vL neb; 烽火恒星云; 星云中心的变星 AE Aur
IC 410	NGC 1893	明亮星云	御夫座	05 22.7	+33 25	7.5	11 m		E		Dif, many st inv; Incl cluster NGC 1893
IC 2149	PK 166+10.1	行星状星云	御夫座	05 56.4	+46 06	10	12 s	6 s	3b(2)	11.3	S, vB
NGC 1931	OCL 441	有星云的星团	御夫座	05 31.4	+34 15	10.1	3 m	3 m	I3 p n:b	11.5	vB, L, R, B*** in M; 包含三倍 ADS 4112
NGC 1985	PK 176+0.1	明亮星云	御夫座	05 37.8	+31 59	12.5	0.7 m		R	13.5	cF, S, R, psbM
PK 169-0.1		行星状星云	御夫座	05 19.2	+38 11	12	32 s			16.2	pF, pL, R, nBM 165倍率, 3* invol
PK 173-5.1	K2-1; SS 38	行星状星云	御夫座	05 08.1	+30 48	12	132 s		3	18.2	南面伴随B 9
B 12		暗星云	鹿豹座	04 30.0	+54 17	/	24 m		5 Ir		复杂的
B 8, 9, 11, 13	PK 123+34.1	暗星云	鹿豹座	04 19.0	+55 03	/	150 m		5 Ir		Cl NGC 1528北面3度
IC 3568	PK 123+34.1	行星状星云	鹿豹座	12 33.1	+82 34	11.6	18 s		2(2a)	12.9	行星状星云或星云 *9.5, *13 p 15"
NGC 1501	PK 144+6.1	行星状星云	鹿豹座	04 07.0	+60 55	12	56 s	48 s	3	14.4	pB, pS, vlE, 1' Diam
PK 118+2.1	Sh1-118	行星状星云	鹿豹座	00 07.6	+64 58	12.9	120 s		3		典型的HII区光谱
IC 2448	PK 285-14.1	行星状星云	船底座	09 07.1	-69 57	11.5	8 s		2b	14.2	vS, R, 接近恒星; 环形
IC 2501	PK 281-5.1	行星状星云	船底座	09 38.8	-60 06	11.3	2 s		1	14.5	行星状, 恒星
IC 2553	PK 285-5.1	行星状星云	船底座	10 09.3	-62 37	13	4 s			15.5	行星状, 恒星; Br 行星状星云在Hartung星场
IC 2621	PK 291-4.1	行星状星云	船底座	11 00.3	-65 15	10.5	5 s		1	15.4	行星状, 恒星, 10.5 mag
NGC 2867	PK 278-5.1	行星状星云	船底座	09 21.4	-58 19	9.7	12.0 s		4	16	!! = *8, vS, R, *15 np (90度), *nr 13
NGC 3211	PK 286-4.1	行星状星云	船底座	10 17.8	-62 40	11.8	12 s		2b	17.2	plan = *10, R, am 150 st

天体名称	别名	类型	星座	赤经	赤纬	星等	最大尺度	最小尺度	分类	最亮星星等	描述及备注
NGC 3324	IC 2599	有星云的星团	船底座	10 37.3	-58 40	6.7	16 m		I 3 r n		pB, vvL, iF, D* inv
NGC 3372	Dunlop 309	明亮星云	船底座	10 45.1	-59 52	3	120 m	120 m	E		!大型星云, 海山二匙孔星云
PK 264-12.1	He2-5	行星状星云	船底座	07 47.4	-51 16	12.3	<101 s				
PK 278-4.1	He2-32	行星状星云	船底座	09 30.9	-57 36	12.4	40 s				
PK 279-3.1	He2-36	行星状星云	船底座	09 43.5	-57 17	10.4	<25 s			11.5	
PK 283-1.1	Hoffleit 4	行星状星云	船底座	10 15.6	-58 51	11.8	30 s		4		环形
PK 283-4.1	He2-39	行星状星云	船底座	10 03.9	-60 45	12.8	10 s				环形
PK 288+0.1	Hoffleit 38	行星状星云	船底座	10 54.6	-59 10	12.4	30 s		4		环形
PK 289-0.1	He2-58	明亮星云	船底座	10 56.2	-60 27	11	35 s		4	8.5	不是行星状星云, AG 船底座 variable W; 环状暗星云
PK 290-0.1	Hoffleit 48	行星状星云	船底座	11 03.9	-60 36	12.6	20 s		3		pB, pL, R, bet 2 vF stars
IC 289	PK 138+2.1	行星状星云	仙后座	03 10.3	+61 19	12	45 s	30 s	4(2)	16.8	恒星
IC 1747	PK 130+1.1	行星状星云	仙后座	01 57.6	+63 19	12	13 s		3b	15.8	
IC 1805	OCL 352	有星云的星团	仙后座	02 32.7	+61 27	6.5	60 m	60 m	III 3 p n	7.9	Cl, C, eL neby extends following; 星团是 Mel 15
IC 1848	OCL 364	有星云的星团	仙后座	02 51.4	+60 25	6.5	40 m	10 m	IV 3 p n	7.1	Cl, 有恒星, in F neby eL 90'X45"
NGC 281	IC 11	有星云的星团	仙后座	00 53.0	+56 37	7.4	4.0 m		E+*	9	F, vL, dif, S triple * on np 边缘
NGC 896	SG 1.04	明亮星云	仙后座	02 25.5	+62 01	/	27 m	13 m	E		eF, pL, iF
NGC 7635	LBN 549	明亮星云	仙后座	23 20.2	+61 11	11	15 m	8 m	E		vF, *8 inv; 气泡星云, L neb 环状
PK 114-4.1	Abell 82	行星状星云	仙后座	23 45.8	+57 04	12.7	94 s		3b	13	F, pS, R, nBM 135倍率, 视觉大小10角秒
PK 118-8.1	VY 1-1	行星状星云	仙后座	00 18.7	+53 53	12.5	5 s				

天体名称	别名	类型	星座	赤经	赤纬	星等	最大尺度	最小尺度	分类	最亮星星等	描述及备注
Be 146		暗星云	半人马座	13 57.6	-40 00	/	20 m	8 m	5 Ir		邻近明亮星云 NGC 5367
IC 2944	Cr 249	有星云的星团	半人马座	11 37.9	-63 21	4.5	60 m	35 m	II 1 p n	6.4	*3.4 星等 in vL neby; Lambda Cen 星团; neby vL, F
NGC 3918	PK 294+4.1	行星状星云	半人马座	11 50.3	-57 11	8.4	12 s		2b	15.5	!, S, R, 蓝色, ≈*7, d = 1'.5
NGC 5307	PK 312+10.1	行星状星云	半人马座	13 51.1	-51 12	12.1	15 s	10 s	3	14.7	Pln or vf, eS, Dneb
PK 290+7.1	Fleming 1	行星状星云	半人马座	11 28.6	-52 56	11.4	30 s		3(4)		
PK 292+4.1	PB 8	行星状星云	半人马座	11 33.4	-57 06	12.8	5 s				
PK 293+1.1	He2-70	行星状星云	半人马座	11 35.2	-60 17	12	45 s	27 s			
PK 296-3.1	He2-73	行星状星云	半人马座	11 48.6	-65 08	12.9	<5s				
PK 315-0.1	He2-111	行星状星云	半人马座	14 33.3	-60 50	13	30 s				
PK 316+8.1	He2-108	行星状星云	半人马座	14 18.2	-52 11	10.1	12 s				
B148-9		暗星云	仙王座	20 49.1	+59 32	/	3 m		5 C		B150以南的两片小星云
B150		暗星云	仙王座	20 50.6	+60 18	/	60 m	3 m	5 Ir		Eta Cep 以南 1.6 度的弯曲灯丝
B152		暗星云	仙王座	21 14.5	+61 45	/	15 m	3 m	5 Ir		向南 1 度指向 Alpha Cep 的两片星云
B160	LDN 1088	暗星云	仙王座	21 38.0	+56 14	/	30 m	15 m	4 Ir		位于明亮星云 IC 1396 以南
B161	LDN 1103	暗星云	仙王座	21 40.3	+57 49	/	13 m	3 m	6 CoG		明亮星云 IC 1396 北部
B162	LDN 1095	暗星云	仙王座	21 41.1	+56 19	/	13 m	2 m	4 Ir		伴随着B160的弯曲线条
B163	LDN 1106	暗星云	仙王座	21 42.2	+56 42	/	4 m		4 Ir G		明亮星云 IC 1396 的一部分
B169-71	LDN 1151	暗星云	仙王座	21 58.9	+58 45	/	80 m		5 Ir		IC 1396 向北 3 度的狭窄弯曲暗带
B173-4	LDN 1164	暗星云	仙王座	22 07.4	+59 10	/	40 m		6 Ir		沿 B169 向北的斑驳暗带
B365	LDN 1090	暗星云	仙王座	21 34.9	+56 43	/	22 m	3 m	4 S		南部延伸至明亮星云 IC 1396
B367	LDN 1113	暗星云	仙王座	21 44.4	+57 12	/	3 m		5 Ir G		位于明亮星云 IC 1396 之前的部分

天体名称	别名	类型	星座	赤经	赤纬	星等	最大尺度	最小尺度	分类	最亮星星等	描述及备注
IC 1396	OCL 222	有星云的星团	仙王座	21 39.1	+57 30	3.5	89 m		II 3 m n	3.8	F, eL neby, incl Struve 2816; Neby is 165'X135'; 星团是Tr 37
NGC 40	PK 120+9.1	行星状星云	仙王座	00 13.0	+72 31	10.7	60 s	40 s	3b(3)	11.5	F, vS, R, vsmbM, L*cont f; 罗斯勋爵看到了螺旋结构
NGC 7023	OCL 235	有星云的星团	仙王座	21 00.5	+68 10	7.1	5.0 m		E*		*7 in eF, eL, neby; 明暗丝和暗缝细的复杂结构
NGC 7129	OCL 240	有星云的星团	仙王座	21 43.0	+66 07	11.5	2.7 m		IV 2 p n:b	11.5	!; cF, pL, gbM***
NGC 7354	PK 107+2.1	行星状星云	仙王座	22 40.3	+61 17	12.9	22 s	18 s	4(3b)	16.5	B, S, R, pgvlbM
PK 116+8.1	M2-55	行星状星云	仙王座	23 31.9	+70 23	12.2	42 s	36 s	3	21	
NGC 246	PK 118-74.1	行星状星云	鲸鱼座	00 47.1	-11 52	8.5	240 s	210 s	3b	10.9	
Be 142		暗星云	蝘蜓座	11 09.5	-77 16	/	100 m		6		接近反射星云 IC 2631
NGC 3195	PK 296-20.1	行星状星云	蝘蜓座	10 09.4	-80 52	11.5	40 s	30 s	3	17.8	!pB, S, lE, 3 S * nr
Be 145		暗星云	圆规座	14 48.6	-65 15	/	12 m	5 m	5		接近反射星云 vdBH 63
NGC 5315	PK 309-4.2	行星状星云	圆规座	13 54.0	-66 31	13	5 m		2	11.3	stellar = 10.5 mag
PK 318-2.1	He2-114	行星状星云	圆规座	15 04.1	-60 53	13	30 s	24 s			双极形状
PK 318-2.2	He2-116	行星状星云	圆规座	15 06.0	-61 22	10.6	45 s				
IC 2165	PK 221-12.1	行星状星云	大犬座	06 21.7	-12 59	12.5	9 s	7 s	3b	15.1	vS
NGC 2296	IC 452	明亮星云	大犬座	06 48.7	-16 54	13	0.6 m	0.4 m	R		vF, vS, R; Near Sirius
NGC 2359	LBN 1041	明亮星云	大犬座	07 18.5	-13 14	/	10 m	5 m	E	11	!!, vF, vvL, viF; 鸭星云; 弯曲的薄膜, 中心是沃尔夫-拉叶星; UHC滤光片有用
PK 232-1.1	M1-13	行星状星云	大犬座	07 21.2	-18 08	12.6	10 s				
PK 242-11.1	M3-1	行星状星云	大犬座	07 02.8	-31 35	12.2	14 s	9 s	?(6)	14.1	

天体名称	别名	类型	星座	赤经	赤纬	星等	最大尺度	最小尺度	分类	最亮星星等	描述及备注
Sh2-301	Gum 5; RCW 6	明亮星云	大犬座	07 09.8	-18 29	/	8 m	7 m	E		
PK 219+31.1	Abell 31	行星状星云	巨蟹座	08 54.2	+08 55	12.2	16.8 m	15.6 m	3a	15.5	
Be 157		暗星云	南冕座	19 02.9	-37 08	/	55 m	18 m	6 Ir		位于明亮星云 NGC 6726-7 的南侧
IC 1297	PK 358-21.1	行星状星云	南冕座	19 17.4	-39 37	11.5	8 s	6 s		12.9	恒星, 气态光谱
NGC 6726	ESO 396-N13	明亮星云	南冕座	19 01.7	-36 53	/	2 m	2 m	E		*6, 7 in F, pL neb; 复杂星云区域 w var* TY & R CrA invl
NGC 6729	ESO 396-N*15	明亮星云	南冕座	19 01.9	-36 57	/	25 m	20 m	E+R		Var*(11...) w neb
PK 352-7.1	Fleming 3	行星状星云	南冕座	18 00.2	-38 50	11.4	2 s		1		
Coalsack	V V 133	暗星云	南十字座	12 53.0	-63 00	/	400 m		3? Ir		毗邻南十字星
PK 298-0.1	He2-77	明亮星云	南十字座	12 09.0	-63 16	11	13 s	8 s			不是行星状星云; 致密 H II 区
PK 298-1.2	He2-76	行星状星云	南十字座	12 08.4	-64 12	12.4	16 s				
PK 299+2.1		行星状星云	南十字座	12 23.8	-60 14	12.7	30 s				
PK 300-0.1	He2-84	行星状星云	南十字座	12 28.8	-63 44	11.7	34 s	23 s			
PK 300+0.1	He2-83	行星状星云	南十字座	12 28.7	-62 06	12.9	6 s	5 s			
NGC 4361	ESO 573-PN19	行星状星云	乌鸦座	12 24.5	-18 47	10.9	80 s		3a(2)	13.2	vB, L, R, vsmbMN, r
B144	LDN 857	暗星云	天鹅座	19 59.0	+35 00	/	360 m		1 Ir		盘子里的鱼; 延伸向星团 NGC 6883
B145	LDN 865	暗星云	天鹅座	20 02.8	+37 40	/	35 m	6 m	4 G		三角形; B144北面
B146	LDN 860	暗星云	天鹅座	20 03.5	+36 02	/	1 m		6		在 B144 毗邻 BD +35 3930
B157	LDN 1075	暗星云	天鹅座	21 33.7	+54 40	/	4 m	4 C G			8'指向8等星; 恒星 BD +54 2576

天体名称	别名	类型	星座	赤经	赤纬	星等	最大尺度	最小尺度	分类	最亮星星等	描述及备注
B164	LDN 1070	暗星云	天鹅座	21 46.5	+51 04	/	12 m	6 m	5 K G		0.8度伴随天鹅座π
B168		暗星云	天鹅座	21 53.2	+47 12	/	100 m		5 Ir		狭窄的东西向暗带；懦指向天津一
B343	LDN 880	暗星云	天鹅座	20 13.5	+40 16	/	10 m	5 m	5 Ir G		1.7度指向天津一
B346		暗星云	天鹅座	20 26.7	+43 45	/	10 m	4 m	6 K		在天津四以南2.8度和1.5度的斑块区域
B347		暗星云	天鹅座	20 28.4	+39 55	/	10 m	1 m	5		天津一以南20'处与1.2度的窄条纹
B350		暗星云	天鹅座	20 49.1	+45 53	/	3 m	6 C	5		天鹅座以南14'
B352		暗星云	天鹅座	20 57.1	+45 22	/	20 m	10 m	5 Ir		位于北美星云以北
B361	LDN 970	暗星云	天鹅座	21 12.9	+47 22	/	17 m	4 C G			轻微向前延展
B362	LDN 1017	暗星云	天鹅座	21 24.0	+50 10	/	15 m	8 m	5 E G		毗邻9等星
B364		暗星云	天鹅座	21 33.6	+54 33	/	40 m		5 Ir		B157的窄暗带
IC 1318	Sh2-108	明亮星云	天鹅座	20 27.9	+40 00	14.9	45 m	20 m	E		天津一星云，F星云的L块
IC 5070	LBN 350	明亮星云	天鹅座	20 50.8	+44 21	8	60 m	50 m	E		F, dif, 鹈鹕星云，包含56 Cyg
IC 5146	OCL 213	有星云的星团	天鹅座	21 53.4	+47 16	10	20 m	10 m	IV 2 p n 9.6		F, L, iR; *9.5 m invl, br + 包含暗物质; 茧状星云
M1-92		明亮星云	天鹅座	19 36.3	+29 33	11.7	8 s	16 s	R		pB, vS, nBM, sE in PA0 220倍率; 脚印星云
NGC 6826	PK 83+12.1	行星状星云	天鹅座	19 44.8	+50 32	8.8	27 s	24 s	3a(2)	10.7	行星状星云, B, pL, R, *11 m; 闪视行星状星云
NGC 6857		明亮星云	天鹅座	20 02.8	+33 31	11.4	0.8 m		E	14.3	F, am 银河系 st
NGC 6884	PK 82+7.1	行星状星云	天鹅座	20 10.4	+46 28	12.6	5.6 s	5.0 s	2b	16.7	恒星
NGC 6888	LBN 203	明亮星云	天鹅座	20 12.8	+38 19	10	20 m	10 m	E		F, vL, vmE, ** att; 鹅眉星云;内含沃尔夫－拉叶星
NGC 6960	LBN 191	超新星遗迹	天鹅座	20 45.7	+30 43	7	210 m	160 m	R		pB, cL, eiF, eE, eiF; 52 Cyg invl; 帷幕星云西部
NGC 6992	CED 182B	超新星遗迹	天鹅座	20 56.4	+31 43	7	60 m	8 m	R		eF, eL, eE, eiF; 帷幕星云东部
NGC 6995	CED 182C	超新星遗迹	天鹅座	20 57.1	+31 13	7	12 m		R		F, eL, neb&st 成团

天体名称	别名	类型	星座	赤经	赤纬	星等	最大尺度	最小尺度	分类	最亮星星等	描述及备注
NGC 7000	LBN 373	明亮星云	天鹅座	21 01.8	+44 12	4	120 m	30 m	E		F, eeL, dif nebulosity; 北美洲星云; 内含Cl NGC 6997
NGC 7008	PK 93+5.2	行星状星云	天鹅座	21 00.5	+54 33	12	86 s	69 s	3	13.9	cB, L, E45, r, ** att
NGC 7026	PK 89+0.1	行星状星云	天鹅座	21 06.3	+47 51	12	25 s	9 s	3a	14	pB, biN
NGC 7027	PK 84-3.1	行星状星云	天鹅座	21 07.0	+42 14	9.6	18 s	11 s	3a	16	eB, S
NGC 7048	PK 88-1.1	行星状星云	天鹅座	21 14.3	+46 17	11	60 s	50 s	3b	18	pF, pL, dif, iR, vlbM
PK 64+5.1	BD+30 3639	行星状星云	天鹅座	19 34.8	+30 31	9.6	5 s		4	10	vF, S; 坎贝尔的星, BD即皮恩星表
PK 77+14.1	Abell 61	行星状星云	天鹅座	19 19.2	+46 15	13	200 s		2b	17.4	
PK 79+5.1	M4-17	行星状星云	天鹅座	20 09.0	+43 44	12.3	23 s	21 s	4(2)		
PK 86-8.1	Hu 1-2	行星状星云	天鹅座	21 33.1	+39 38	12.7	10 s	7 s	2	13.3	恒星 = 9.5 m
NGC 6891	PK 54-12.1	行星状星云	海豚座	20 15.1	+12 42	10.5	15.5 s	7 s	2a(2b)	12.3	B, pS, R, 4S* nr; 蓝闪星云
NGC 6905	PK 61-9.1; H IV 16	行星状星云	海豚座	20 22.4	+20 06	12	44 s	38 s	3(3)	14	vB, S, E or biN, bM, sp 2
NGC 1714	ESO 85-EN8	LMC中的预散星云	剑鱼座	04 52.1	-66 56	/			E+*		
NGC 1769	ESO 85-EN23	LMC中的星云团	剑鱼座	04 57.7	-66 28	/			E		B, L, iR, vsmbM
NGC 1770	IC 2117	LMC中的星云团	剑鱼座	04 57.3	-68 25	9			E+*		Cl+ neb, pL, pRi, *11...18
NGC 1814	ESO 85-SC36	LMC中的星云团	剑鱼座	05 03.8	-67 18	9			E+*		vF, R, s of 2 in Cl

天体名称	别名	类型	星座	赤经	赤纬	星等	最大尺度	最小尺度	分类	最亮星星等	描述及备注
NGC 1816	ESO 85-SC37	LMC中的星云团	剑鱼座	05 03.8	-67 16	9	16 m		III 1 m	11.2	vF, R, 2nd neb in Cl
NGC 1829	ESO 56-SC57	LMC中的星云团	剑鱼座	05 05.0	-68 03	8.5			E+*		F, pL, R, r
NGC 1850	ESO 56-SC70	LMC中的星云团	剑鱼座	05 08.7	-68 46	9.3	3.4 m				vB, L, lE, vmCM, rr, !
NGC 1874	ESO 56-EN84	LMC中的星云团	剑鱼座	05 13.2	-69 23	9			E+*		neb and Cl, biN
NGC 1876		LMC中的星云团	剑鱼座	05 13.3	-69 22	9			E+*		pB, iR, biN, 2nd in group
NGC 1955	ESO 56-SC121	LMC中的星云团	剑鱼座	05 26.2	-67 30	9			E+*		Cl, Ri, 2nd of several
NGC 1962	ESO 56-SC122	LMC中的星云团	剑鱼座	05 26.3	-68 50	8.5	13 m	12 m	E		vF, pL, R, 1st of 4
NGC 1965	ESO 56-SC123	LMC中的星云团	剑鱼座	05 26.5	-68 48	8.5					F, S, 2nf of 4
NGC 1966	ESO 56-SC125	LMC中的星云团	剑鱼座	05 26.8	-68 49	8.5	13 m				pB, R, pslbM, 3rd of 4, in pL, irr Cl
NGC 1968	ESO 56-SC130	LMC中的星云团	剑鱼座	05 27.4	-67 28	9	20 m	20 m	E+*		Cl, Ri, 3rd of several
NGC 1970	ESO 56-SC127	LMC中的星云团	剑鱼座	05 26.9	-68 50	8.5					4th of 4
NGC 1974	NGC 1991	LMC中的星云团	剑鱼座	05 28.0	-67 25	9	9 m		E+*		Cl, L, irR

天体名称	别名	类型	星座	赤经	赤纬	星等	最大尺度	最小尺度	分类	最亮星等	描述及备注
NGC 1983	ESO 56-SC133	LMC中的星云团	剑鱼座	05 27.7	-68 59	8.5					Cl, vL, pRi, iF
NGC 1991	NGC 1974	有星云的星团	剑鱼座	05 28.0	-67 25	9	9 m		E+*		Cl, 4th of sev
NGC 2011	ESO 56-SC144	LMC中的星云团	剑鱼座	05 32.3	-67 31	9.5					vB, S, R, psmbM
NGC 2014	ESO 56-SC146	LMC中的星云团	剑鱼座	05 32.3	-67 41	8.5			E+*		Cl, pL, pC, iF, st9...15
NGC 2070	ESO 57-EN6	LMC中的星云团	剑鱼座	05 38.6	-69 06	8.3	20 m		E		!!! vB, vL, 环状; 30 Dor cluster in LMC
NGC 2074	ESO 57-EN8	LMC中的星云团	剑鱼座	05 39.1	-69 30	8.5			E		pB, pL, mE, 5* inv
NGC 2100	ESO 57-SC25	LMC中的星云团	剑鱼座	05 42.2	-69 13	9.6	2.3 m				B, pL, irr R, rr
NGC 6543	PK 96+29.1	行星状星云	天龙座	17 58.6	+66 38	8.3	22 s	16 s	3a(2)	11.3	vB, pS, sbMvSN; 猫眼星云
IC 2118	NGC 1909	明亮星云	波江座	05 04.5	-07 16	/	180 m	60 m	R		F, eL, iF, NGC 1779 inv s; 女巫头星云
NGC 1535	PK 206-40.1	行星状星云	波江座	04 14.3	-12 44	10.4	20 s	17 s	4(2c)	12.1	vB, S, R, pS, vsbM, r
NGC 1360	PK 220-53.1	行星状星云	天炉座	03 33.2	-25 52	9.4	360 s	270 s	3	11.3	*8in B, L neb, E ns
IC 443	LBN 844	超新星遗迹	双子座	06 17.8	+22 49	12	50 m	40 m			F, 狭窄, 弯曲
NGC 2371	NGC 2372	行星状星云	双子座	07 25.6	+29 29	13	74 s	54 s	3a+6	14.8	B, S, R, bMN, p of Dneb
NGC 2372	NGC 2371	行星状星云	双子座	07 25.6	+29 30	13	74 s	54 s	3a(4)	14.8	pB, S, R, bMN, f of Dneb
NGC 2392	PK 197+17.1	行星状星云	双子座	07 29.2	+20 55	8.6	47 s	43 s	3b(3b)	10.6	B, S, R, *9M,*8 nf 100"; 爱斯基摩星云; 有几层

天体名称	别名	类型	星座	赤经	赤纬	星等	最大尺度	最小尺度	分类	最亮星星等	描述及备注
PK 189+7.1	M1-7	行星状星云	双子座	06 37.4	+24 01	13	38 s	20 s	2	18.5	9 mag * 40" NW
PK 194+2.1	J 900	行星状星云	双子座	06 26.0	+17 47	12.4	12 s	10 s	3b(2)	15.3	vS, B
PK 205+14.1	Abell 21	行星状星云	双子座	07 29.0	+13 15	14.1	10 m	6 m		15.9	F, pL, E 用UHC滤光镜在100倍率下观测；美杜莎星云，低表面亮度
IC 5148	PK 2-52.1	行星状星云	天鹤座	21 59.6	-39 23	11	120 s		4	16.2	pB, L, lE, * att, 环状
IC 4593	PK 25+40.1	行星状星云	武仙座	16 11.7	+12 04	11	12.5 s	10 s	2(2)	11.2	S, F, 恒星
NGC 6058	PK 64+48.1	行星状星云	武仙座	16 04.4	+40 41	13	25 s	20 s	3(2)	13.8	pF, vS, R, 恒星
NGC 6210	PK 43+37.1	行星状星云	武仙座	16 44.5	+23 48	9.7	20 s	13 s	2(3b)	12.5	vB, vS, R, 圆盘状
PK 47+42.1	Abell 39	行星状星云	武仙座	16 27.5	+27 54	12.9	174 s		2c	15.8	
PK 51+9.1	Hu 2-1	行星状星云	武仙座	18 49.8	+20 50	11.6	3 s			13.3	
PK 53+24.1	VY 1-2	行星状星云	武仙座	17 54.4	+28 00	12	5.2 s	4.1 s	2	17.6	F, S, att to *13, *7 nf
NGC 2610	PK 239+13.1	行星状星云	长蛇座	08 33.4	-16 09	13	50 s	47 s	4(2)	15.9	!vB, lE 147, 45" d, 蓝色；木魂星云
NGC 3242	PK 261+32.1	行星状星云	长蛇座	10 24.8	-18 39	8.6	40 s	35 s	4(3b)	12.3	
PK 248+29.1	Abell 34	行星状星云	长蛇座	09 45.6	-13 10	12.9	281 s	268 s	2b	16.3	
PK 283+25.1	K1-22	行星状星云	长蛇座	11 26.7	-34 22	12.1	188 s	174 s		16.9	
PK 303+40.1	Abell 35	行星状星云	长蛇座	12 53.6	-22 52	12	938 s	636 s	3a		B, S, R, psbM*, r: 两部分被裂缝分开
NGC 602	ESO 29-SC43	SMC中有星云的星团	水蛇座	01 29.4	-73 33	/	1.5 m	0.7 m	E+*		恒星
IC 5217	PK 100-5.1	行星状星云	蝎虎座	22 23.9	+50 58	12.6	7.5 s	6 s	2	14.6	
PK 100-8.1	Merrill 2-2	行星状星云	蝎虎座	22 31.7	+47 48	11.9			1		
IC 418	PK 215-24.1	行星状星云	天兔座	05 27.5	-12 42	10.7	14 s	11 s	4	10.2	vS, B; 星云盘上有一颗11等星
PK 342+27.1	Merrill 2-1	行星状星云	天秤座	15 22.3	-23 38	11.6	7 s		2	18.4	pB, vS, R, 在220倍率下观测 nBM

天体名称	别名	类型	星座	赤经	赤纬	星等	最大尺度	最小尺度	分类	最亮星星等	描述及备注
B228		暗星云	豺狼座	15 45.5	-34 24	/	240 m		6 Ir		包含小的明亮反射星云
IC 4406	PK 319+15.1	行星状星云	豺狼座	14 22.4	-44 09	11	100 s	37 s	4(3)	17.4	E 80度; pB 弥漫星盘–Hartung
NGC 5873	PK 331+16.1	行星状星云	豺狼座	15 12.8	-38 08	12	3 s		2	15.5	恒星 = 9.5 星等
NGC 5882	PK 327+10.1	行星状星云	豺狼座	15 16.8	-45 39	10.5	7 s		2	13.4	vS, R, 相当尖锐
NGC 6026	PK 341+13.1	行星状星云	豺狼座	16 01.4	-34 33	12.5	54 s	36 s	4	13.3	F, S, R, gpmbM, tri* np
PK 327+13.1	He2-118	行星状星云	豺狼座	15 06.2	-43 01	12.7	<5s		4		vF, pL, nBM, 使用UHC滤光片在100倍率下观测 sev* invol
PK 164+31.1		行星状星云	天猫座	07 57.8	+53 25	14	400 s		4	16	
NGC 6720	M 57	行星状星云	天琴座	18 53.6	+33 02	9.4	86 s	62 s	4(3)	15.8	环状星云, B, pL, cE; 环状星云, 中心有一颗14等星
NGC 6765	PK 62+9.1	行星状星云	天琴座	19 11.1	+30 33	12.9	38 s		5	16	F, S, E
NGC 1943	ESO 56-SC114	LMC中的星云团	山案座	05 22.5	-70 09	12			5		pF, pS, iR, vglbM, *15 at 191, 60?
B 37-9		暗星云	麒麟座	06 32.8	+10 38	/	180 m		5 Ir		靠近明亮星团 NGC 2245; 47
NGC 2237	OCL 511	有星云的星团	麒麟座	06 30.9	+05 03	5.5	80 m	60 m	E		pB, vvL, dif, eL 环状星云 ar 2239 的一部分; 玫瑰星云
NGC 2238	LBN 948	明亮星云	麒麟座	06 30.7	+05 01	6	80 m	60 m	E		F* in neby, eL 环状星云 ar 2239的一部分; 玫瑰星云
NGC 2244	NGC 2239	有星云的星团	麒麟座	06 31.9	+04 57	4.8	24.0 m		II 3 r n:b		星团, 漂亮, st sc (12 麒麟座); 星团在玫瑰星云内
NGC 2245	LBN 904	明亮星云	麒麟座	06 32.7	+10 09	/	2 m	2 m	R		pL, com, mbN sf alm *, *7-8 nf
NGC 2261	LBN 920	明亮星云	麒麟座	06 39.2	+08 45	/	2 m	1 m	E+R	5.8	B, vmE 330 deg, N com *11; 哈勃变云, R Mon 位于其中

天体名称	别名	类型	星座	赤经	赤纬	星等	最大尺度	最小尺度	分类	最亮星星等	描述及备注
NGC 2264	OCL 495	有星云的星团	麒麟座	06 41.0	+09 54	3.9	20.0 m		III 3 m n:	5	eL neb, 3 deg diam, densest 12" sp 15 麒麟座
NGC 2346	PK 215+3.1	行星状星云	麒麟座	07 09.4	-00 48	12.5	60 s	50 s	3b(6)	11.2	*10 att w S, vF, neb
IC 4191	PK 304-4.1	行星状星云	苍蝇座	13 08.8	-67 39	12	18 s	11 s	2	16.4	恒星
NGC 4071	PK 298-4.1	行星状星云	苍蝇座	12 04.3	-67 19	12.9	75 s			19.2	vF, vS, R, bM*, am st
NGC 5189	PK 307-3.1	行星状星云	苍蝇座	13 33.5	-65 58	10.3	140 s		5	14.5	B, pL, cE, bM, 曲轴
PK 307-4.1		行星状星云	苍蝇座	13 39.5	-67 23	12.9	16 s	10 s			
PK 307-9.1	He2-97	行星状星云	苍蝇座	13 45.4	-71 29	12.6	<5s				
Sandqvist 149	Dark Doodad	暗星云	苍蝇座	12 25.0	-72 00	/	180 m	12 m			在苍蝇座γ以北；环状指向球状星云 NGC 4833
PK 322-2.1	Menzel 1	行星状星云	矩尺座	15 34.2	-59 09	12.5	50 s		4(6)		
PK 325-4.1	He2-141	行星状星云	矩尺座	15 59.1	-58 24	12.4	16 s	12 s		13.6	
PK 329-2.2	Menzel 2; VV 78	行星状星云	矩尺座	16 14.5	-54 57	11.9	25 s	21 s	4(3)		
PK 330+4.1	Canon 1-1	行星状星云	矩尺座	15 51.3	-48 45	12.9			1		
B 42, 44-7		暗星云	蛇夫座	16 38.0	-24 06	/	600 m		6 Ir		包含 B51 和 B238；狭窄的暗带延伸至蛇夫座ρ星云
B 46	LDN 1775	暗星云	蛇夫座	16 57.2	-22 44	/	12 m		6 Ir G		蛇夫座24北面30'
B 57	LDN 11	暗星云	蛇夫座	17 08.3	-22 50	/	5 m		6 E G		在 B44 之后的斑驳区域
B 59, 65-7	LDN 1773	暗星云	蛇夫座	17 21.0	-27 00	/	300 m		6 Ir		天江三以南2度；烟斗星云
B 60, 246	LDN 17	暗星云	蛇夫座	17 11.8	-22 27	/	30 m	20 m	3		在 B44 之后的斑驳区域
B 61		暗星云	蛇夫座	17 15.2	-20 21	/	10 m	4 m	6 Ir		B63 以南1度
B 62	LDN 100	暗星云	蛇夫座	17 16.2	-20 53	/	25 m	15 m	6 Ir		B63 以南30度

天体名称	别名	类型	星座	赤经	赤纬	星等	最大尺度	最小尺度	分类	最亮星星等	描述及备注
B 63	LDN 99	暗星云	蛇夫座	17 16.0	-21 23	/	100 m		3 Ir G		Theta Oph以北3度；w a 球状
B 64	LDN 173	暗星云	蛇夫座	17 17.2	-18 32	/	20 m		6 Co		30' 延伸球状星团 M9
B 67a	LDN 102	暗星云	蛇夫座	17 22.5	-21 53	/	16 m		6 Ir G		天江三北面3度
B 68	LDN 57	暗星云	蛇夫座	17 22.6	-23 44	/	4 m		6 K G		向南20度指向B72
B 69	LDN 55	暗星云	蛇夫座	17 22.9	-23 53	/	4 m		6 Ir		B68南部15度
B 70	LDN 54	暗星云	蛇夫座	17 23.5	-23 58	/	4 m		4 C?		B68南部20度
B 72	LDN 66	暗星云	蛇夫座	17 23.5	-23 38	/	30 m		6 S G		蛇形；Theta Oph 以北1.5 度
B 74		暗星云	蛇夫座	17 25.2	-24 12	/	15 m	10 m	5 Ir		15'指向天江四
B 75, 261-2	LDN 91	暗星云	蛇夫座	17 25.3	-22 28	/	110 m		5 Ir		沿着 B72 向北 1 度的两条弧线
B 77, 269	LDN 69	暗星云	蛇夫座	17 28.0	-23 22	/	100 m		3 Ir		烟斗星云斗钵的微弱延伸
B 78	LDN 42	暗星云	蛇夫座	17 33.0	-26 00	/	200 m		6 Ir		天江三南面2.5度；烟斗星云的斗钵
B 79, 276	LDN 219	暗星云	蛇夫座	17 39.5	-19 47	/	50 m	30 m	6 Ir		B79狭窄；向北延伸
B244	LDN 1736	暗星云	蛇夫座	17 10.1	-28 24	/	20 m	30 m	5 Ir		位于烟斗星云尖端以南
B256	LDN 1749	暗星云	蛇夫座	17 12.2	-28 51	/	50 m	10 m	5 Ir		烟斗星云口柄以南 1.5 度；弯曲
B259	LDN 177	暗星云	蛇夫座	17 22.0	-19 19	/	30 m		4 Ir		球状星团 M9 向南 50'
B268, 270	LDN 178	暗星云	蛇夫座	17 32.0	-20 32	/	120 m		5 Ir		心宿增四 in eL, vF, Irr neby; 摄影图像大小140' X70'
IC 4604	LBN 1112	明亮星云	蛇夫座	16 25.6	-23 27	/	60 m	25 m	E+*		eS, B; 淡蓝圆盘状 10" across-Hartung
IC 4634	PK 0+12.1	行星状星云	蛇夫座	17 01.6	-21 50	12	20 s	10 s	2a(3)	17	B, S, bet 2*v nr; Box
NGC 6309	PK 9+14.1	行星状星云	蛇夫座	17 14.1	-12 55	11.6	20 s	10 s	3b(6)	16.3	环状, pB, S, R; 幽灵星云
NGC 6369	PK 2+5.1; H IV 11	行星状星云	蛇夫座	17 29.3	-23 46	11	30 s	29 s	4(2)	15.1	环状, pB, S, R; 幽灵星云

天体名称	别名	类型	星座	赤经	赤纬	星等	最大尺度	最小尺度	分类	最亮星星等	描述及备注
NGC 6572	PK 34+11.1	行星状星云	蛇夫座	18 12.1	+06 51	8	15 s	12 s	2a	12	vB, vS, R, l hazy
PK 3+2.1	Hubble 4	行星状星云	蛇夫座	17 41.9	-24 42	13	6.6 s	5.8 s	3b	14.9	pF, S, 彗星状 用220倍率观测; * invol
PK 8+5.1	The 4-2	行星状星云	蛇夫座	17 46.2	-18 40	13	20 s				
PK 8+6.1	He2-260	行星状星云	蛇夫座	17 38.9	-18 18	11	<10 s				
PK 357+7.1	M4-3	行星状星云	蛇夫座	17 10.7	-27 09	12.9	<10 s				
B 30-2, 225		暗星云	猎户座	05 29.8	+12 32	/	80 m	55 m	5 lr		向北 3 度指向科林德69
B 33		暗星云	猎户座	05 40.9	-02 28	/	6 m	4 m	4 lr		马头星云; 大片暗云的一部分
B 35		暗星云	猎户座	05 45.5	+09 03	/	20 m	10 m	5 E		靠近 FU 猎户座和亮星云 Ced 59
B 36		暗星云	猎户座	05 45.7	+07 31	/	120 m		4 lr		狭窄的由南向北暗带
IC 434	LBN 954	明亮星云	猎户座	05 41.0	-02 27	11	90 m	30 m	E		eF, vvL, vmE; 1 deg long incl Zeta Ori; 包含黑暗的马头星云 (B 33)
NGC 1973	CED 55B	明亮星云	猎户座	05 35.1	-04 44	7	5 m	5 m	E		*8, 9 inv in neb
NGC 1975	CED 55C	明亮星云	猎户座	05 35.3	-04 41	7	10 m	5 m	E		B** inv in neb
NGC 1976	M 42	有星云的星团	猎户座	05 35.3	-05 23	4	90 m	60 m	E+R		!!!, 猎户座theta和大星云 M42
NGC 1977	OCL 525	有星云的星团	猎户座	05 35.3	-04 51	7	20 m	10 m	E+R		42 Orionis neb
NGC 1980	OCL 529	有星云的星团	猎户座	05 35.4	-05 55	2.5	14 m	14 m	III 3 m n:		vF, vvL, 44 Ori invl
NGC 1982	M 43	明亮星云	猎户座	05 35.5	-05 16	9	20 m	15 m	E		!, vB, vL, R w tail, mbM*8
NGC 2022	PK 196-10.1	行星状星云	猎户座	05 42.1	+09 05	12.8	28 s	27 s	4(2)	15.8	pB, vS, vlE
NGC 2024	CED 55P	明亮星云	猎户座	05 41.7	-01 51	/	30 m	30 m	E		! irr, B, vvL, black sp incl
NGC 2068	M 78	明亮星云	猎户座	05 46.8	+00 05	8	8 m	6 m	E		B, L, wisp, gmbN, 3* inv, r; 彗星状

天体名称	别名	类型	星座	赤经	赤纬	星等	最大尺度	最小尺度	分类	最亮星星等	描述及备注
NGC 2071	LBN 938	明亮星云	猎户座	05 47.1	+00 18	8	7 m	5 m	R		D*(10 & 14 m) w vF, L chev
NGC 2175	OCL 476	有星云的星团	猎户座	06 09.6	+20 29	6.8	18.0 m		IV 3 p n 7.6		*8 in neb
PK 190-17.1	J 320	行星状星云	猎户座	05 05.6	+10 42	12.9	11 s	8 s	2(4)	13.5	vF, S, R
PK 197-14.1	Abell 10	行星状星云	猎户座	05 31.8	+06 56	12.7	34 s		3	19.5	似乎适用于整个科林德69星云
Sh2-264		明亮星云	猎户座	05 35.0	+10 00	/	270 m		E		巴纳德环，微弱，长的星云
Sh2-276		明亮星云	猎户座	05 48.0	+01 00	/	600 m		E		
PK 320-28.1	He2-434	行星状星云	孔雀座	19 33.8	-74 33	12.2	8 s	6 s			
Jones 1		行星状星云	飞马座	23 35.9	+30 28	12.7	314 s		3b	16.2	vF, vL, irr; 使用 UHC 滤光片在100倍率下才能看到
B 1, 2, 202-6		暗星云	英仙座	03 32.1	+31 10		160 m		5 lr		NGC 1333 之前的南部斑块区域
B 3, 4	LDN 1470	暗星云	英仙座	03 44.0	+31 47		100 m		5 lr		位于 O Per 的南部
B 5	LDN 1471	暗星云	英仙座	03 48.0	+32 54	/	22 m	9 m	5 E G		沿 O Per 向北1度
IC 1985		有星云的星团		03 44.6	+32 10	7.3	10 m	10 m	IV 2 p n 8.5		pB, vL, vgbM; 环绕英仙座
IC 351	PK 159-15.1	行星状星云	英仙座	03 47.6	+35 03	12.4	8 s	6 s	2a	15	行星状星云* 10 mag, 9 mag * p
IC 2003	PK 161-14.1	行星状星云	英仙座	03 56.4	+33 53	12.6	7 s		2	15.3	pB, eS, IE ns, *13 n 4'', *12 sp 18''
NGC 650	M 76	行星状星云	英仙座	01 42.3	+51 35	11	163 s	107 s	3(6)	17.6	vB, p of Dneb; 小哑铃星云
NGC 651	M 76	行星状星云	英仙座	01 42.3	+51 35	11	163 s	107 s	3(6)	17.6	vB, f of Dneb; 小哑铃星云
NGC 1333	LBN 741	明亮星云	英仙座	03 29.2	+31 22	/	9 m	7 m	R	9.5	F, L, *10 nf; 明亮和黑暗的星云，包括 B 205
NGC 1491	LBN 704	明亮星云	英仙座	04 03.2	+51 19	/	9 m	6 m	E		vB, S, iF, bM, r; * inv
NGC 1499	LBN 756	明亮星云	英仙座	04 03.2	+36 22	5	160 m	40 m	E		vF, vL, mE ns, dif, 加利福尼亚星云, 距 Xi Per 0.6 度
NGC 1624	OCL 403	有星云的星团	英仙座	04 40.6	+50 28	11.8	1.9 m		II 1 p n:b	11.8	F, cL, iF, 6or7*+ neb

天体名称	别名	类型	星座	赤经	赤纬	星等	最大尺度	最小尺度	分类	最亮星星等	描述及备注
Be 135		暗星云	船尾座	07 19.0	-44 35	/	13 m	5 m	6 E		包含小反射星云
NGC 2438	PK 231+4.2	行星状星云	船尾座	07 41.8	-14 44	11	65 s		4(2)	17.5	pB, pS, vlE, r, Cl M 46边缘
NGC 2440	PK 234+2.1	行星状星云	船尾座	07 41.9	-18 13	11.5	54 s	20 s	5(3)	17.5	cB, not v well def
NGC 2452	PK 243-1.1	行星状星云	船尾座	07 47.4	-27 20	12.6	22 s	16 s	4(3)	17.5	F, S, lE, am 60*
NGC 2467	OCL 668	有星云的星团	船尾座	07 52.5	-26 26	7.1	15.0 m		13 m n:b		pB, vL, R, er,*8 m
NGC 2579	OCL 724	有星云的星团	船尾座	08 20.9	-36 13	7.5	10.0 m		IV 2 p :b	9.5	D* in pS neb, am 70*
PK 248-8.1	M4-2	行星状星云	船尾座	07 28.9	-35 45	13	8 s		2		F, S, R, nBM; 稳定望远镜, 在220倍率下观测
NGC 2818A	PK 261+8.1	行星状星云	罗盘座	09 16.0	-36 36	11.9	36 s	36 s	3b	16.1	!pB, pL, R, vglbM, in L Cl
PK 254+5.1	M3-6	行星状星云	罗盘座	08 40.7	-32 23	11	11 s	6 s	2a		
B 40		暗星云	天蝎座	16 14.7	-18 59	/	15 m		3 lr		在天蝎座 ν 以北 50 角分的明亮星云中
B 41, 43		暗星云	天蝎座	16 22.0	-19 40	/	200 m		6 E		天蝎座 ν 之后 2.5 度和 4 度的两片星云
B 44a	SL 18	暗星云	天蝎座	16 44.8	-40 23	/	5 m		5 lr		2.4 度指向亮星云 IC 4628
B 48	SL 20	暗星云	天蝎座	17 01.0	-40 47	/	40 m	15 m	5 lr		向南 1 度是明亮星云 IC 4628
B 50	SL 30	暗星云	天蝎座	17 03.0	-34 26	/	15 m		6 lr		30' 西南星 CoD -33 度 11706
B 53	SL 32	暗星云	天蝎座	17 06.1	-33 15	/	30 m	10 m	4 lr		弯曲的
B 55-6	LDN 1682	暗星云	天蝎座	17 07.5	-23 00	/	30 m	10 m	5 lr		
B 58	SL 23	暗星云	天蝎座	17 11.2	-40 25	/	15 m		6 lr		
B231	SL 24	暗星云	天蝎座	16 37.5	-35 12	/	50 m	40 m	6 lr		2.7 度是亮星云 IC 4628
B233	SL 25	暗星云	天蝎座	16 44.1	-35 21	/	55 m	20 m	5 lr		1度附近是 B231
B235	SL 15	暗星云	天蝎座	16 46.6	-44 30	/	7 m	3 m	6 E		

天体名称	别名	类型	星座	赤经	赤纬	星等	最大尺度	最小尺度	分类	最亮星星等	描述及备注
B252	LDN 1698	暗星云	天蝎座	17 15.2	-32 13	/	20 m	5 m	5 Ir		
B257		暗星云	天蝎座	17 22.0	-35 35	/	10 m	7 m	5		边缘有微弱的反射星云
B263	SL 22	暗星云	天蝎座	17 26.3	-42 38	/	30 m		5 Ir		
B283		暗星云	天蝎座	17 51.3	-33 53	/	90 m	60 m	5 Ir		向北 1 度指向星团 M7
B287		暗星云	天蝎座	17 54.4	-35 12	/	25 m	15 m	5 Ir		30角分南向跟随星团 M7
Be 149		暗星云	天蝎座	16 09.4	-39 08	/	60 m	12 m	6 Ir		包含微弱的反射星云
IC 4599	PK 321+5.1	行星状星云	天蝎座	16 19.4	-42 16	12.3	16 s	13 s		16.3	环状的
IC 4628	ESO 332-EN14	明亮星云	天蝎座	16 57.0	-40 27	/	90 m	60 m	E		F, eL, E pf, dif; Table of Scorpius
IC 4663	PK 346-8.1	行星状星云	天蝎座	17 45.5	-44 54	13	14 s	12 s	4	14	vF, S, nearly stellar
NGC 6153	PK 341+5.1	行星状星云	天蝎座	16 31.5	-40 15	11.5	25 s	25 s	4	15.5	行星状的，恒星
NGC 6302	PK 349+1.1	行星状星云	天蝎座	17 13.7	-37 06	12.8	72 s	30 s	6	16.6	pB, E pf; 小虫星云，呈扁平8字形
NGC 6334	ESO 392-EN9	明亮星云	天蝎座	17 20.8	-36 06	/	120 m	110 m	E		cF, vL, ICF, vglBf, *8inv
NGC 6337	PK 349-1.1	行星状星云	天蝎座	17 22.3	-38 29	12.3	38 s	28 s	4	14.8	环状星云，eF, S, am st
NGC 6357	ESO 392-SC10	明亮星云	天蝎座	17 24.7	-34 12	/	50 m	40 m	E+*		F, L, E, vglbM, D* inv
NGC 6480	ESO 456-?13	有星云的星团	天蝎座	17 54.4	-30 27	12	5 m		E+*		银河南侧的星云
PK 342-2.1	He2-198	行星状星云	天蝎座	17 06.4	-44 13	13	25 s	15 s	4		
PK 342-4.1	He2-207	行星状星云	天蝎座	17 19.5	-45 53	12	40 s	26 s			
PK 344+4.1	Vd1-1	行星状星云	天蝎座	16 42.6	-38 55	12	<10 s				
PK 345-4.1	Canon 1-3	行星状星云	天蝎座	17 26.3	-44 12	11.9	<5s		1		

天体名称	别名	类型	星座	赤经	赤纬	星等	最大尺度	最小尺度	分类	最亮星星等	描述及备注
PK 349-4.1	Longmore 16	行星状星云	天蝎座	17 35.7	-40 12	13	83 s			16	
PK 351+5.1	M2-5	行星状星云	天蝎座	17 02.3	-33 10	13	5.1 s		2		
PK 355+3.2	H1-9	行星状星云	天蝎座	17 21.5	-30 21	10	<10 s				
PK 356-4.1	Canon 2-1	行星状星云	天蝎座	17 54.6	-34 23	12.2	3 s	2 s		14	pB, vS, lE, 中心*220倍率观测; M7北侧
B 95		暗星云	盾牌座	18 25.6	-11 45	/	30 m		5 C G		北2.6度跟随明亮星云 M 16
B 97		暗星云	盾牌座	18 29.1	-09 56	/	50 m	50 m	4 Ir		向北1度指向星团 NGC 6649
B100-1		暗星云	盾牌座	18 32.7	-09 08	/	40 m	15 m	5 Irg		星团 NGC 6649 以北1.4度目弯曲
B103		暗星云	盾牌座	18 39.2	-06 37	/	40 m	40 m	6 Ir		盾牌座恒星星云北前侧
B104		暗星云	盾牌座	18 47.3	-04 32	/	16 m	1 m	5		Beta Sct 以北 20′; L形
B108		暗星云	盾牌座	18 49.6	-06 19	/	3 m		3		星团 M 11 之前 0.5 度
B110	LDN 530	暗星云	盾牌座	18 50.2	-04 46	/	9 m		6 IrG		B 111的一部分
B111, 119a	LDN 534	暗星云	盾牌座	18 51.0	-05 00	/	120 m		3 Ir		M 11以北的两个新月形区域
B112		暗星云	盾牌座	18 51.2	-06 40	/	20 m	20 m	4 Ir		位于 M 11 以南
B113	LDN 548	暗星云	盾牌座	18 51.4	-04 19	/	11 m		5 IrG		B 111的一部分
B114-8		暗星云	盾牌座	18 53.2	-07 06	/	50 m	5 m	6 Ir		M 11 之后的南暗星云链
B118	LDN 509	暗星云	盾牌座	18 53.9	-07 27	/	1 m		6 C G		集团成员
B312	LDN 379	暗星云	盾牌座	18 30.9	-15 08	/	100 m		4 E		2.5度有欧米伽星云; 西部尖锐; 北侧有边界
B314	LDN 445	暗星云	盾牌座	18 37.7	-09 37	/	35 m	25 m	5 Ir		向北1度是星团 NGC 6649
B318		暗星云	盾牌座	18 49.7	-06 24	/	90 m	2 m	2		M 11 星团以南的狭窄暗带
IC 1295	PK 25-4.2	行星状星云	盾牌座	18 54.6	-08 50	12.7	102 s	87 s	3b(2)	15	pL, eF, 0.4′ESE from NGC 6712
PK 15-3.1	Abell 44	行星状星云	盾牌座	18 30.2	-16 45	12.6	63 s	39 s	2		
PK 19-4.1	M1-60	行星状星云	盾牌座	18 43.7	-13 45	12.3			1		

天体名称	别名	类型	星座	赤经	赤纬	星等	最大尺度	最小尺度	分类	最亮星星等	描述及备注
PK 19-5.1	M1-61	行星状星云	盾牌座	18 45.9	-14 28	12.5	<5s		1		
PK 20-0.1	Abell 45	行星状星云	盾牌座	18 30.3	-11 37	12.9	302 s	281 s	3b	20.1	
PK 21-1.1	M1-51	行星状星云	盾牌座	18 33.5	-11 07	13	3.9 s	3.0 s	3		
PK 22-3.1	M1-58	行星状星云	盾牌座	18 43.0	-11 07	12.4	7.0 s	5.8 s	2		
PK 23-2.1	M1-59	行星状星云	盾牌座	18 43.4	-09 05	12.4	4.8 s	4.3 s	2		
NGC 6611	M 16	有星云的星团	巨蛇座	18 18.8	-13 47	6	7 m		II 3 m n:a	11	L, B, 分散的 Cl, 内含星云: 星后星云
PK 13+4.1		行星状星云	巨蛇座	17 59.0	-15 32	13	5.0 s	4.8 s	2		
PK 13+32.1	Shane 1	行星状星云	巨蛇座	16 21.1	+00 17	12.8	5 s			14.7	
PK 19+3.1	M3-25	行星状星云	巨蛇座	18 15.3	-10 10	12.5	4.3 s	3.5 s			
PK 32+7.2	PC 19	行星状星云	巨蛇座	18 24.7	+02 30	12.2					
IC 4997	PK 58-10.1	行星状星云	天箭座	20 20.1	+16 44	11.3	2.0 s	1.4 s	1	13.7	恒星
NGC 6879	PK 57-8.1	行星状星云	天箭座	20 10.4	+16 55	11	4.7 s	4.1 s	2a	15	恒星 = 10 星等
NGC 6886	PK 60-7.2	行星状星云	天箭座	20 12.7	+19 59	12.5	4 s		2(3)	16.5	恒星 = 10 星等
Sh2-82		明亮星云	天箭座	19 30.3	+18 16	/	7 m	7 m	E+R		pF, pL, R, nBM, 2* invl 用100倍率观测; UHC滤光片有用
Sh2-84		明亮星云	天箭座	19 49.0	+18 24	/	15 m	3 m	E		pF, pL, mE, S side B UHC滤光片135倍率下观测
B 84	LDN 235	暗星云	人马座	17 46.5	-20 11	/	30 m	15 m	6 Ir		1.5 deg north; 40' 紧跟 58 Oph; B83a 附近
B 85		暗星云	人马座	18 02.6	-23 02	/					三裂星云中的黑暗区域
B 86	LDN 93	暗星云	人马座	18 02.7	-27 50	/	4 m		5 Ir G		在星团 NGC 6520 之前的人马座恒星云上; 墨点星云
B 87	LDN 1771	暗星云	人马座	18 04.3	-32 30	/	12 m		4 C G		鹦鹉头; 星团 NGC 6520 以南 4.5 度

天体名称	别名	类型	星座	赤经	赤纬	星等	最大尺度	最小尺度	分类	最亮星星等	描述及备注
B 90	LDN 108	暗星云	人马座	18 10.2	-28 19	/	10 m		6 Ir G		1.5度；星团 NGC 6520 以南 20'
B 91	LDN 227	暗星云	人马座	18 10.0	-23 39	/	5 m	2 m	5 K		邻近明亮星团 IC 1274-5
B 92	LDN 323	暗星云	人马座	18 15.5	-18 11	/	12 m	6 m	6 E G		在小人马座恒星恒星云的西北边缘
B 93	LDN 327	暗星云	人马座	18 16.9	-18 04	/	12 m	2 m	4 Co G		30' 旁是 B 92
B303	LDN 210	暗星云	人马座	18 09.2	-24 07	/	1 m		5 S		在明亮的星云 IC 4685 中
IC 4673	PK 3-2.3	行星状星云	人马座	18 03.3	-27 06	13	18 s	12.5 s	4	14.6	环状，13 mag * nf 33"
IC 4776	PK 2-13.1	行星状星云	人马座	18 45.8	-33 21	12.5	8 s	6 s	2a	16	vS, F
NGC 6439	PK 11+5.1	行星状星云	人马座	17 48.3	-16 28	13	6.1 s	5.1 s	2a	18	恒星 = 13 星等
NGC 6445	PK 8+3.1; H II 586	行星状星云的	人马座	17 49.3	-20 01	13	35 s	30 s	3b(3)	19	pB, pS, R, gbM, r, *15 np
NGC 6514	M 20	有星云的星团	人马座	18 02.7	-22 58	6.3	28.0 m		E+*	6	vB, vL, Trifid, D* inv; 三叶星云
NGC 6523	M 8	有星云的星团	人马座	18 03.7	-24 23	5	45 m	30 m	E		!!!, vB, vL, eiF, w L Cl; 礁湖星云
NGC 6537	PK 10+0.1	行星状星云	人马座	18 05.2	-19 51	12	5 s		2a(6)	19.5	B, S, 恒星
NGC 6563	PK 358-7.1	行星状星云	人马座	18 12.0	-33 52	13	54 s	41 s	3a	18	F, L, cE, 朦胧的边缘
NGC 6565	PK 3-4.5	行星状星云	人马座	18 11.9	-28 11	13	10 s	8 s	4	19.5	恒星
NGC 6567	PK 11-0.2	行星状星云	人马座	18 13.8	-19 05	11.5	11 s	7 s	2a(3)	15	恒星，11 m, in a Cl
NGC 6618	M 17	有星云的星团	人马座	18 20.8	-16 11	6	11.0 m		III 3 m n:	9.3	!!!, B, eL, eiF, 2 钩状；天鹅星云
NGC 6629	PK 9-5.1; H II 204	行星状星云	人马座	18 25.7	-23 12	10.5	16 s	14 s	2a	12.9	pB, eeS, R
NGC 6644	PK 8-7.2	行星状星云	人马座	18 32.6	-25 08	12.2	3 s		2	15.9	行星状的，恒星

天体名称	别名	类型	星座	赤经	赤纬	星等	最大尺度	最小尺度	分类	最亮星星等	描述及备注
NGC 6818	PK 25-17.1	行星状星云	人马座	19 44.0	-14 09	10	22 s	15 s	4	15	B, vS, R
PK 1-6.2	SwSt 1	行星状星云	人马座	18 16.2	-30 52	11.8	<5s		1		
PK 2-2.4	M2-23	行星状星云	人马座	18 01.7	-28 26	12.4	2 s		1		
PK 2-5.1		行星状星云	人马座	18 14.6	-29 49	11.5	<10 s				
PK 2-9.1	Canon 1-5	行星状星云	人马座	18 29.2	-31 30	11.9	<5s				
PK 3-4.7		行星状星云	人马座	18 11.6	-28 22	11	12 s				
PK 3-4.9	H2-43	行星状星云	人马座	18 12.8	-28 20	12	<10 s		1		
PK 3-6.1	M2-36	行星状星云	人马座	18 17.7	-29 08	13	8.8 s	5.2 s	2		
PK 3-14.1	Hubble 7	行星状星云	人马座	18 55.6	-32 16	10.9	4 s		2	18	
PK 3-17.1	Hubble 8	行星状星云	人马座	19 05.6	-33 12	12.9	2 s		2	15.7	
PK 5-2.1		行星状星云	人马座	18 07.9	-25 24	13	10 s	10 s	2		
PK 6+2.5	M1-31	行星状星云	人马座	17 52.7	-22 22	13	25 s		1		
PK 7+1.1	Hubble 6	行星状星云	人马座	17 55.1	-21 45	11	6.6 s		2	14.7	
PK 11+4.1	M1-32	行星状星云	人马座	17 56.3	-16 30	12	8.0 s	7.3 s	2		
PK 12-7.1		行星状星云	人马座	18 42.6	-21 17	12	<10 s				
PK 12-9.1	M1-62	行星状星云	人马座	18 50.5	-22 35	13	3.7 s		2		
PK 13-3.1	M1-48	行星状星云	人马座	18 29.5	-19 06	13	4.9 s	4.7 s	2		
PK 16-4.1	M1-54	行星状星云	人马座	18 36.2	-17 00	13	17 s	10 s	3		
PK 355-6.5	M3-21	行星状星云	人马座	18 02.5	-36 39	11.7	<5s			13.5	
PK 358-5.1		行星状星云	人马座	18 01.7	-33 15	13	9.9 s	8.0 s	2		
PK 358-6.1		行星状星云	人马座	18 09.9	-33 19	12	<10 s				
PK 359-0.1	Hubble 5	行星状星云	人马座	17 47.9	-30 00	11.8	19 s	12 s	2?(6)		

天体名称	别名	类型	星座	赤经	赤纬	星等	最大尺度	最小尺度	分类	最亮星星等	描述及备注
B 7		暗星云	金牛座	04 33.0	+26 06	/	600 m		6 Ir		狭窄的东西向暗带；区域包含 B22-24 和 B208-220
Be 84		暗星云	金牛座	04 22.1	+19 30	/	20 m	10 m	4 Ir		与西面星云 NGC 1554-5 相关
IC 349	vdB 22	明亮星云	金牛座	03 46.3	+23 56	/	30 m		R		eF, vS, E 165 度, 距昴宿五 36''；昴宿星云内部又小又暗
Mel 22	M 45	有星云的星团	金牛座	03 47.0	+24 07	1.2	100 m		13 rn	2.9	vvB, vL, 明亮的裸眼星团, 内含星云；昴宿星团
NGC 1514	PK 165-15.1	行星状星云	金牛座	04 09.3	+30 47	10.8	120 s	90 s	3(2)	9.5	*9 in neb 3' Diam
NGC 1555	DG 31	明亮星云	金牛座	04 21.9	+19 32	/	0.5 m		R		vF, S; 欣德变光星云, 与金牛座 T 相关
NGC 1952	M 1	超新星遗迹	金牛座	05 34.5	+22 01	8.4	8 m	4 m			vB, vL, E135, vglbM, r; 蟹状星云
Sh2-240	Simeis 147	超新星遗迹	金牛座	05 39.1	+28 00	/	200 m	180 m	E		eL, eF; 西面巨大的椭圆形云带细丝；可能是超新星遗迹
vdB 20		明亮星云	金牛座	03 44.9	+24 07	11.6	20 m	16 m	R		昴宿一恒星
vdB 23		明亮星云	金牛座	03 47.5	+24 06	11.9	27 m	27 m	R		昴宿六恒星
IC 4699	PK 348-13.1	行星状星云	望远镜座	18 18.5	-45 59	12	5 s		2	15.1	S, F, 恒星
NGC 5844	PK 317-5.1	行星状星云	南三角座	15 10.7	-64 40	12	60 s				pB, pL, R, vgvlbM
NGC 5979	PK 322-5.1	行星状星云	南三角座	15 47.7	-61 13	13	8 s			13	pF, vS, R, am 150st
PK 322-6.1	He2-136	行星状星云	南三角座	15 52.3	-62 31	12.5	<10 s		Pec		
NGC 588		星系+暗星云	三角座	01 32.8	+30 39	/	0.7 m		Pec		F, p of 2; in M 33
NGC 592		星系+暗星云	三角座	01 33.2	+30 39	/	0.3 m		Pec		F, pL, f of 2; in M 33
NGC 595		星系+暗星云	三角座	01 33.6	+30 42	/	0.5 m		Pec		vF, S, R, inv in M 33
NGC 604		星系+暗星云	三角座	01 34.6	+30 47	/	2 m		Pec		B, vS, R, vvlBM; E Neb 在 M 33东北分支

天体名称	别名	类型	星座	赤经	赤纬	星等	最大尺度	最小尺度	分类	最亮星星等	描述及备注
NGC 256	ESO 29-SC11	SMC中有星云的星团	杜鹃座	00 45.9	-73 30	12					F, S, R, gbM, * 9 nf 40"
NGC 299	ESO 51-SC5	SMC中有星云的星团	杜鹃座	00 53.4	-72 12	11.5					pB, vS, R, gvlbM, r
NGC 306	ESO 29-SC23	SMC中有星云的星团	杜鹃座	00 54.3	-72 15	12.5					F, vS
NGC 346	ESO 51-SC10	SMC中有星云的星团	杜鹃座	00 59.1	-72 11	10.3	5.2 m				B, L, viF, mbMD*, r
NGC 3587	M 97	行星状星云	大熊座	11 14.8	+55 01	11	202 s	196 s	3a	14	!! vB, vL, R, rvg, vsbM; 夜枭星云
NGC 5447		星系+暗星云	大熊座	14 02.5	+54 17	/			Pec		pB, S, R, gmbM, conn M 101
NGC 5449		星系+暗星云	大熊座	14 02.5	+54 20	/			Pec		vF, pL, gvlbM, conn M 101
NGC 5450		星系+暗星云	大熊座	14 02.5	+54 16	/			Pec		F, pS, iR, glbM, conn M 101
NGC 5451		星系+暗星云	大熊座	14 02.6	+54 22	/			Pec		vF, pL, iR, vlbM, conn M 101
NGC 5453		星系+暗星云	大熊座	14 02.9	+54 18	/			Pec		F, pL, IE, vlbM, conn M 101
NGC 5455		星系+暗星云	大熊座	14 03.0	+54 14	/			Pec		pB, pS, R, psbM, conn M 101
NGC 5461		星系+暗星云	大熊座	14 03.7	+54 19	/			Pec		B, pS, R, psbM, conn M 101
NGC 5462		星系+暗星云	大熊座	14 03.9	+54 22	/			Pec		pB, pL, iR, gbM, conn M 101
Gum 12		超新星遗迹	船帆座	08 30.0	-45 00		1200 m				古姆星云; pulsar PSR 0833-45 invol
NGC 2736	RCW 37	明亮星云	船帆座	09 00.4	-45 54		30 m	7.0 m	E		! eeF, vL, vvmE 19 deg; 纤维状星云
NGC 2899	PK 277-3.1	行星状星云	船帆座	09 27.1	-56 06	12.2	2.0 m			15.9	F, pL, R, gmbM, am 80st
NGC 3132	PK 272+12.1	行星状星云	船帆座	10 07.0	-40 26	8.2	84 s	53 s	4(2)	10.1	!! 行星状, vB, vL, IE *9m; 双环星云
PK 261+2.1	He2-15	行星状星云	船帆座	08 53.5	-40 04	13	20 s				
PK 264-8.1	He2-7	行星状星云	船帆座	08 11.5	-48 43	12.4	25 s		2		

天体名称	别名	类型	星座	赤经	赤纬	星等	最大尺度	最小尺度	分类	最亮星星等	描述及备注
PK 265-2.1	Velghe 26	行星状星云	船帆座	08 43.6	-46 06	13	<5s		1		
PK 275-4.1	PB 4	行星状星云	船帆座	09 14.9	-54 53	12.9	14 s	9 s			
PK 285+1.1	Peimbert 1-1	行星状星云	船帆座	10 38.6	-56 47	8.6	<5s				
PK 286-4.1	He2-55	行星状星云	船帆座	10 48.8	-56 03	12.7	18 s				
PK 318+41.1	Abell 36	行星状星云	室女座	13 40.6	-19 53	13	478 s	281 s	3b(3a)	11.5	!! vB, vL, bi-N, IE, 哑铃星云
NGC 6853	M 27	行星状星云	狐狸座	19 59.6	+22 43	7.3	480 s	340 s	3(2)	14.1	vF, L, irR, nBM 在100倍率下观测；UHC滤光片有用
PK 72-17.1	Abell 74	行星状星云	狐狸座	21 16.8	+24 10	12.2	871 s	791 s	2	17.4	在大的暗星云中有两个更亮的小结点
Sh2-88		明亮星云	狐狸座	19 46.0	+25 20	/	18 m	6 m	E		

符号	含义	符号	含义	符号	含义	符号	含义
!	值得关注的目标	!!	非常值得关注的目标	E	偏长	s	突然
am	在……之中	n	北	e	极其地	s	南
att	连接	N	核心、星云状物	er	容易分辨	sc	分散的
bet	在……之间	neb	星云、星云状物	F	暗	susp	疑似
B	明亮	P w	与……成对	f	伴随	st	恒星
b	比……更明亮	p	非常（F、B、L、S 的前缀）	g	逐渐地	v	非常
C	紧密	p	在……之前	iF	不规则图形	var	变星
c	非常多	P	少	inv	位于……之中	nf	北面伴随

Cl	团	R	圆的	irr	不规则	np	向北延伸
D	两倍	Ri	丰富	L	大	sf	南面伴随
def	定义	r	不能很好分辨	l	星等	sp	向南延伸
deg	度	rr	部分能分辨	mag	星等	11m	11等
diam	直径	rrr	很好地分辨	M	中间	8...	8等或更暗
dif	弥散的	S	小	m	比较	9...13	9到13等

术语译名对照表

Barnard, E. E. 巴纳德

Barnard's Loop 巴纳德环

Binoculars 双筒望远镜

Blinking Planetary 闪视行星状星云

Car camping 汽车露营

Chistensen, Jim 吉姆·克里斯滕森

Coal Sack 煤袋星云

Cocoon Nebula 茧状星云

Computer 计算机

Crab Nebula 蟹状星云

Crayon, A. J. 克雷恩

Dark adaption 暗适应

Dark Dooded 黑色小玩意

Dark Emu 黑鸸鹋

Dark Nebulae 暗星云

Dumbbell Nebula 哑铃星云

Emission Nebulae 发射星云

E-shaped Nebula E 型星云

Eta Carina Nebula 船底座伊塔星云

Eyepieces 目镜

False Comet 假彗星

Filters 滤光片

Five Mile Meadow 五英里草地

Fredericksen, David 大卫·弗雷德里克森

Helix Nebula 螺旋星云

Horsehead Nebula 马头星云

Keeple, Bob 鲍勃·凯普尔

Kitt Peak Observatory 基特峰天文台

Knaus, Tracy 特雷西·克瑙斯

Lagoon Nebula 礁湖星云

Large Megellanic Cloud 大麦哲伦星云

LeBlanc, Jay 杰伊·勒布朗

Lines, Richard and Helen 理查德·莱恩斯和
海伦·莱恩斯

Magnitude limit 极限星等

Nebula Filter 星云滤光片

North America Nebula 北美洲星云

Note Keeping 做笔记

Object size 天体的大小

Observing list 观测列表

Observing site 观测地点

Omega Nebula 欧米伽星云

Pacman Nebula 吃豆人星云

Pipe Nebula 烟斗星云

Planetarium Programs 天象馆软件

Planetary Nebulae 行星状星云

Pleiades Nebula 昴星团星云

Position Angle 方位角

Questar 12 Maksutov Questar 12 马克苏托
夫望远镜

致

谢

谨以此书献给不遗余力地支持我仰望星空，支持我写下我的历程的人。

　　首先是我的家人。我的祖父弗雷德·雷尼，他是第一个向我介绍星空的人。在我的童年时期，当我们在清晨出去钓鱼时，他教我辨别一些星星和星座。我的妻子琳达·罗斯，她给予我很多享受星空的时间，给我创造了一个安静的写作环境。没有她的爱和奉献，别说两本书，一本书我都可能无法写完。她的妹妹劳拉·罗斯和妹夫鲍勃·兰伯特很乐意让我待在他们的小屋，这样我就可以把我在目镜前写下的一堆笔记整理成一篇连贯的初稿。我的大家庭中的其他成员，奥黛丽、朱蒂和马特、梅根、麦肯齐、阿什利和凯文都关心过我写书的情况，还很愿意听我讲述本书的写作进展。好了，现在它已经完成了！

　　然后是仙人掌天文俱乐部的成员，他们是我多年来的观测伙伴。A. J. 克雷恩，大卫·弗雷德里克森，柯特·泰勒，里奇·沃克，汤姆和珍妮弗·波拉吉斯，皮埃尔·施瓦尔，鲍勃·埃德曼，乔治·德朗格，克里斯和道恩·舒尔，马特·卢蒂宁，萨德·罗伯森，里克·罗德拉梅尔，保罗·林德和其他许多人在这几十年里常和我一起在暗夜中追星。在很多情况下，他们都慷慨地让我负责指导观测。我们曾成功地发现一个我们从未见过的暗弱天体，也曾经历过观测了半个小时空白天区后的失败。我相信这些经历巩固了我们的友谊，使我们变得更加强大。

感谢你们所有人

史蒂文·科

图书在版编目（CIP）数据

观测星云 ／（美）史蒂文·R.科著；付韶宇译.
上海：上海三联书店，2024.9. ——（仰望星空）.
ISBN 978-7-5426-8625-1

I.P155.1

中国国家版本馆 CIP 数据核字第 2024J0B191 号

观测星云

著　　者／〔美国〕史蒂文·R.科

译　　者／付韶宇

责任编辑／王　建　樊　钰

特约编辑／吴月婵　徐　静

装帧设计／字里行间设计工作室

监　　制／姚　军

出版发行／上海三联书店

　　　　　　（200041）中国上海市静安区威海路755号30楼

联系电话／编辑部：021-22895517

　　　　　　发行部：021-22895559

印　　刷／三河市中晟雅豪印务有限公司

版　　次／2024 年 9 月第 1 版

印　　次／2024 年 9 月第 1 次印刷

开　　本／960×640　1/16

字　　数／89千字

印　　张／14.5

ISBN 978-7-5426-8625-1／P·17

定　价：39.80元

著作权合同登记号　图字：10-2022-212 号